C#程序设计案例教程

吕树进　吴焕瑞　李英华　编著

化学工业出版社

·北京·

C#是微软公司开发的一种面向对象的编程语言，是微软.NET 开发环境的重要组成部分。C#以简单易用的编程界面以及高效的代码编写方式，深受广大编程人员的欢迎。

本书共 10 章，从基本概念和实际应用出发，系统讲解了 C#语言的发展、数据类型及运算符、表达式、结构化程序设计、面向对象程序设计、Windows 应用程序设计及 ADO.NET 访问数据库等内容。每章都配有实训案例，案例选择遵循“易学”、“有趣”和“有用”的原则，利于激发学生学习编程的兴趣。

本书可作为高等学校计算机相关专业程序设计类课程的教材，也可作为计算机培训教材和相关技术人员、编程爱好者的参考用书。

为方便教学，本书配有电子教案和所有实例源代码，本书实例代码均在 Visual Studio 2008、SQL Server 2005 Express 环境中运行通过。凡选用本书作为教材的教师均可到化学工业出版社网站免费下载，网址为 www.cipedu.com.cn。

图书在版编目（CIP）数据

C#程序设计案例教程 / 吕树进、吴焕瑞、李英华编著.
—北京：化学工业出版社，2014.6（2017 . 3 重印）
ISBN 978-7-122-20288-8

Ⅰ. ①C…　Ⅱ. ①吕…　②吴…　③李…　Ⅲ. ①C 语言-程序设计-教材　Ⅳ. ①TP312

中国版本图书馆 CIP 数据核字（2014）第 068916 号

责任编辑：高　震　　　　装帧设计：孙远博
责任校对：陶燕华

出版发行：化学工业出版社（北京市东城区青年湖南街 13 号　邮政编码 100011）
印　　装：北京科印技术咨询服务公司海淀数码印刷分部
787mm×1092mm　1/16　印张 14¼　字数 357 千字　　2017 年 3 月北京第 1 版第 2 次印刷

购书咨询：010-64518888（传真：010-64519686）　　售后服务：010-64518899
网　　址：http: // www. cip. com. cn
凡购买本书，如有缺损质量问题，本社销售中心负责调换。

定　　价：35.00 元

FOREWORD 前言

C#是微软公司开发的一种面向对象的编程语言，是微软.NET 开发环境的重要组成部分。C#几乎集中了所有关于软件开发和软件工程研究的最新成果：面向对象、类型安全、组件技术、自动内存管理、跨平台异常处理、版本控制、代码安全管理等。C#以其简单易用的编程界面以及高效的代码编写方式，深受广大编程人员的欢迎。

本书以 Visual Studio 2008 作为开发平台，系统介绍了 C#语言的基础语法、结构化程序设计、面向对象程序设计、Windows 应用程序开发和 ADO.NET 数据库技术等内容。本书可作为高等学校计算机相关专业程序设计类课程的教材，也可作为计算机培训教材和相关技术人员、编程爱好者的参考用书。

在本教材的编写过程中，总结了作者多年的教学经验，精选了一些实用程序作为教学案例，并根据教学特点做了修改。这些案例基本覆盖了 C#的主要编程技术。每个案例均有较详细的设计分析、实现步骤以及源代码。在案例的选择上，遵循“易学”、“有趣”和“有用”的原则，这样有利于激发学生的求知欲望。希望通过这些案例的分析、设计、实现，让读者掌握使用 C#的一些关键技术，掌握应用软件开发中的基础知识和方法。

本书分 10 章，主要内容如下：

第 1 章为 C#概述，介绍了 C#的历史发展和特点、Visual Studio 2008 集成开发环境及编写控制台应用程序的方法，最后介绍了常用的输入、输出语句。

第 2 章为 C#编程基础，介绍了 C#的数据类型、运算符、表达式、结构类型和数组。

第 3 章为结构化程序设计，介绍了结构化程序设计的基本结构、常见的算法和程序调试的方法。

第 4 章为面向对象编程基础，介绍了面向对象的编程的类、对象、构造函数、析构函数、属性、方法、this 关键字、静态类及静态成员的概念。

第 5 章为继承、多态和接口，介绍了类的继承、抽象类、接口、委托以及异常处理的概念。

第 6 章为 Windows 应用程序，介绍了 Windows 应用程序设计中常用的控件的属性、方法及常用事件处理程序。

第 7 章为菜单和 MDI 多窗体应用程序设计，介绍了菜单栏、工具栏和 MDI 多窗体应用程序的编写。

第 8 章为通用对话框和文件操作，介绍了 Windows 通用对话、文件与目录管理、文件的读写。

第 9 章为使用 ADO.NET 访问数据库，介绍了 SQL Server 2005 Express、ADO.NET 简介、利用 ADO.NET 对象访问数据库的方法步骤、数据绑定的概念。

第 10 章为学生信息管理系统开发，介绍了系统开发的整个过程，包括需要分析、数据库设计、详细设计、系统实现和部署应用程序。

本书由吕树进、吴焕瑞、李英华编著。吕树进编写了第1章、第6章、第7章、第8章、第9章、第10章；吴焕瑞编写第2章、第3章；李英华编写了第4章、第5章。本书由吕树进统稿。在本书编写过程中，得到了廖震宇、荆霜雁、车紫辉、赵强、刘新颖的帮助，在此表示感谢，同时对化学工业出版社编辑给予的帮助表示感谢。

由于编者水平有限，疏漏出错之处在所难免，敬请读者批评指正。

为方便教学，本书配有电子教案和所有实例源代码，本书实例代码均在 Visual Studio 2008、 SQL Server 2005 Express 环境中运行通过，凡选用本书作为教材的教师均可到化学工业出版社网站免费下载，网址为 www.cipedu.com.cn。

编著者

2014年3月

CONTENTS 目录

第 1 章　C#概述

C#语言是近年来十分流行的编程语言，具有许多优良的特性和广泛的应用前景。本章简要介绍 C#语言的基础知识，包括历史发展、特点、C#应用程序的开发环境、C#程序的基本结构、程序编译及基本的输入、输入语句。通过本章的学习，读者可以初步了解 C#语言以及 Visual Studio 2008 集成开发环境，掌握创建 C#应用程序的基本步骤。

1.1　C#的历史与发展

1.1.1　C#的历史

C#语言是从计算机语言 C 和 C++继承而来的。

C 语言是 20 世纪 70 年代由 Dennis Ritchie 创建的。C 语言以其强大的功能、精湛的技术和准确的表示获得了极大成功，直到现在仍然是使用广泛的结构化编程语言。但是 C 语言也有自身的局限性，当代码达到一定长度时，用 C 语言很难去理解和管理好程序源代码。后来出现了面向对象编程语言（OOP），其代表是 C++，由 Bjarne Stroustrup 在贝尔实验室创造，其目的是使程序员可以编写出大型程序。

随着网络的迅速发展，面向网络的编程语言渐渐成为主流。首先诞生的 Java，最初由 Sun 公司的 Microsystems 开始，主要创造者是 James Gosling。Java 具有编写跨平台、可移植代码的能力。Java 编程语言的风格十分接近C、C++语言。Java 是一个纯粹的面向对象的程序设计语言，它继承了 C++语言面向对象技术的核心。Java 程序编译时首先将源代码编译成二进制字节码（bytecode），然后依赖各种不同平台上的虚拟机来解释执行字节码，从而实现了“一次编译、到处执行”的跨平台特性。

虽然 Java 具有很优异的性能，但是与 Windows 平台的配合并不理想，这也成为 Java 的一个致命的弱点。

为了应对 Java 的挑战，微软公司于 2000 年发布了.NET 框架。这是一个全新的软件开发平台，微软公司希望使互联网以其产品和服务为中心发展，在这个平台上开发的软件在 Web 时代不仅适用于传统的 PC，而且也能够满足强劲增长的新设备，诸如移动设备的需要。

.NET 是一个开发平台，具有强大的跨语言特性，现在.NET 所支持的语言已经有数十种。在此平台上，不管采用什么语言进行开发，最终都将编译为中间代码 IL（Intermediate Language），在程序运行时中间代码由 CLR(Common Language Runtime，公共语言运行时)转换为机器代码执行。因此，所有的.NET 上开发的项目在运行时都需要 CLR 的支持，也就是说只有在安装了.NET Framework 的机器上才能够运行。

C#是伴随着.NET 一起推出的，C#是专门为.NET 应用而开发出的语言。这从根本上保证了 C#与.NET 框架的完美结合。在.NET 运行库的支持下，.NET 框架的各种优点在 C#中表现得淋漓尽致，因此是开发.NET 应用程序的首选语言。

1.1.2　C#的特点

C#语言是平台独立的一门新型组件编程语言，具有简单、现代、优雅、完全面向对象、类型安全的特点。C#的语法风格源自 C/C++家族，融合了 Visual Basic 的高效和 C/C++强大，是微软为奠定其互联网霸主地位而打造的 Microsoft.Net 平台的主流语言。其一经推出便以其强大的操作能力、优雅的语法风格、创新的语言特性和对面向组件编程的支持而深受程序员的好评和喜爱。

C#语言目前已由微软提交欧洲计算机制造商协会 ECMA，经过标准化后的 C#将可由任何厂商在任何平台上实现其开发工具及其支持软件，这为 C#的发展提供了强大的动力。

（1）语法更简单、易学　C#默认情况下是不能使用指针的，程序员在有必要时可以打开指针来使用。这样既可以保证编程的灵活性，又能使 C#的代码在.NET 框架提供的“可操纵”环境下运行。与 C++烦琐操作运算相比，如“::”、“->”等，C#的操作运算只有一个“.”运算符，对于使用者更加简单、易学、易用。

（2）语言兼容、协作方便　用 C#编写的程序能最大限度地实现与任何.NET 语言互相交换信息，这样在一个开发项目中不同的程序员可以使用自己擅长的语言，而不必强求整个项目都采用同一种语言进行开发。

（3）完全面向对象　在 C#的类型系统中，每种类型都可以看做一个对象。C#提供了一个叫做装箱(boxing)与拆箱(unboxing)的机制来完成这种操作，使用者很方便进行类型转换。C#只允许单继承，即一个类只有一个基类，从而避免了类型定义的混乱。C#中没有全局函数，没有全局变量，也没有全局常数。所有的代码都封装在一个类之中，这样使代码具有更好的可读性，减少了发生命名冲突的可能。

（4）支持现有的网络编程新标准，与 Web 的紧密结合　XML 已经成为网络中数据结构传递的标准，为了提高效率，C#允许直接将 XML 数据映射成为结构。这样就可以有效处理各种数据。由于把 XML 技术真正融入了.NET 和 C#之中，在 C#中可以轻松地使用内含的类处理 XML，使得 C#提供了很好的网络的支持，程序员可以很方便地开发大规模深层次的分布式应用程序。

（5）.NET 平台内建了对 Web Service 的支持，因此对程序员来说，Web Service 看起来就像是 C#的本地对象，使开发 Web Service 应用程序变得很简单。程序员们能够利用他们已有的面向对象的知识与技巧开发 Web Service。仅需要使用简单的 C#语言结构。C#组件能够方便地为 Web 服务，并允许它们通过 Internet 被运行在任何操作系统上的任何语言调用。

（6）类型安全　C#中不能使用未初始化的变量，对象的成员变量由编译器负责将其置为零，当局部变量未经初始化而被使用时，编译器将做出提醒；C#不支持不安全的指向，不能将整数指向引用类型，例如对象等。C#自动验证指向的有效性，C#中提供了边界检查与溢出检查功能。

1.1.3　C、C++、C#和 Java

C#和 C、C++及 Java 具有很亲密的关系，可以认为 C#和 Java 都来源于 C 和 C++，它们的许多关键字和运算符都是相似的，熟悉了 C 或 C++，可以容易过渡到 C#或 Java。在这里 C#和 Java 之间更像一对兄弟，如果了解 Java，那么 C#中的许多概念会感觉很熟悉。相反，如果学习了本课程后，将来要学习 Java，那么本课程中的许多知识同样会有帮助。

1.1.4　C#应用程序类型

基于功能强大的.NET Framework，利用 C#程序设计语言可以快速、方便地设计和开发多种类型的应用程序。

（1）Windows 控制台应用程序　控制台应用程序使用标准命令行方式运行，一般应用在偏重于内部功能实现的场合。

（2）Windows 窗体应用程序　窗体应用程序采用的是用户熟悉的 Windows 图形用户界面，其中包含各种控件（如按钮和列表框）。Windows 窗体应用程序主要用于交互性较多的场合，如大型办公软件、大量网络信息传递及其他高端的网络开发与应用设计等。

（3）ASP.NET Web 应用程序　ASP.NET Web 应用程序运行在 Web 服务器上，是基于 B/S 架构的分布式应用程序。客户通过浏览器获取 Web 服务器上运行的应用程序提供的服务，如目前流行的各种动态网站及基于 Web 的网络办公系统等。

（4）Web Service 应用程序　Web service 是一个平台独立的，松耦合的，自包含的、基于可编程的 Web 的应用程序，可使用开放的 XML 标准来描述、发布、发现、协调和配置这些应用程序，用于开发分布式的互操作的应用程序。可使用 URL、HTTP 和 XML 访问 ASP.NET Web 服务，以便在任何平台上运行的、使用任何语言编写的程序都可以访问 ASP.NET Web 服务。

（5）智能设备应用程序　智能设备应用程序是指运行在移动设备上（如智能手机、PDA 等）的应用程序。

1.2　Visual Studio 2008 开发环境

微软推出的 Visual Studio 系统产品是一个功能齐备的集成开发环境，由众多工具组成，包括功能强大的代码编辑器、语言编译器和调试工具，利用这个平台可以轻松而高效地编写和调试应用程序。

1.2.1　Visual Studio 2008 简介

Visual Studio 无疑是现今开发工具界最具影响力的集成开发环境。Visual Studio 2008 提供了一整套的开发工具，可以生成 ASP.NET Web 应用程序，Web 服务应用程序，Windows 应用程序和移动设备应用程序。Visual Studio 2008 整合了多种开发语言，如 Visual Basic、Visual C#和 Visual C++。使开发人员在一个相同的开发环境中自由地发挥自己的长处，并且还可以创建混合语言的应用程序项目，方便具有不同语言背景的程序设计人员合作开发。

1.2.2　Visual Studio 2008 集成开发环境介绍

在 Visual Studio 2008 中包括了 Visual Basic、Visual C++、Visual C#和 Visual J#，它们共享一个集成开发环境（IDE）。为了更加方便地在 Visual Studio 2008 中开发 Web 应用程序，需要配置 Visual Studio 2008 开发环境。

（1）起始页　第一次运行 Visual Studio 2008 时，选择【开始】→【程序】→【Microsoft Visual Studio 2008】，启动 Visual Studio 2008。第一次使用 Visual Studio 2008 开发环境，弹出“选择默认环境设置”对话框，在这里我们选择 C#。

Visual Studio2008 启动后，主窗口会默认显示一个介绍性的“起始页”如图 1-1 所示。在起始页可以方便地创建或打开已经存在的项目，起始页中还列出了最近打开过的 6 个项目。

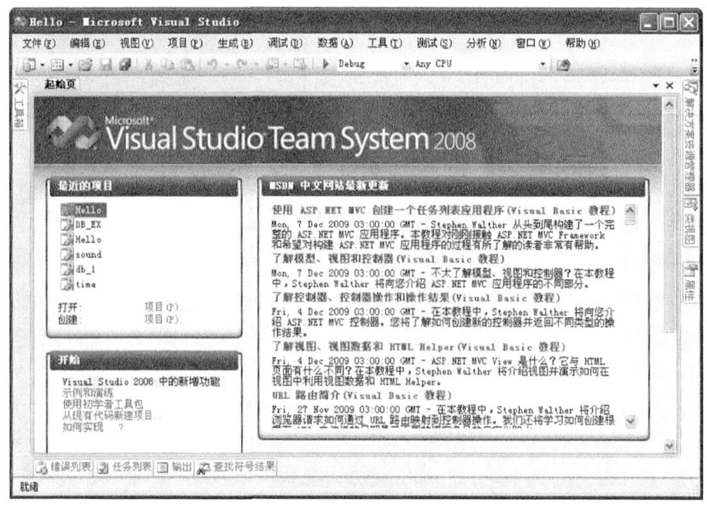

图 1-1　Visual Studio 2008 起始页

（2）配置 Visual Studio 2008 开发环境　在【工具】菜单栏中选择【选项】命令，弹出“选项”对话框。在该对话框的左侧导航栏中有“环境”中有“常规”、“字体和颜色”等选项，在图 1-2 所示界面可以设置代码的字体大小和颜色等。

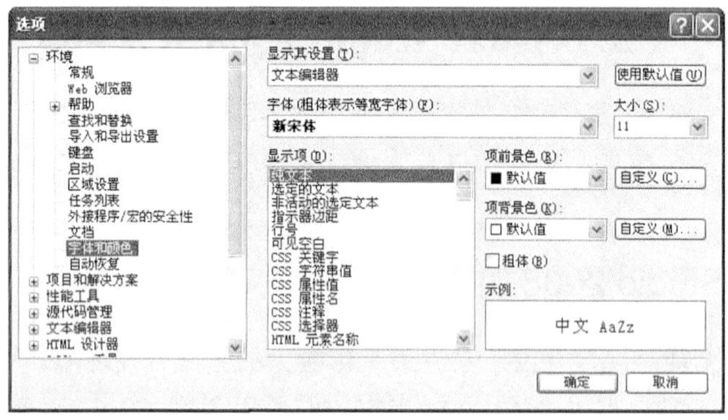

图 1-2　选项对话框

在【选项】对话框中的“文本编辑器”选项中可以自定义编辑器的外观和行为。如选择“文本编辑器”节点，见图 1-3 所示。选中“行号”后在代码前会添加行号。

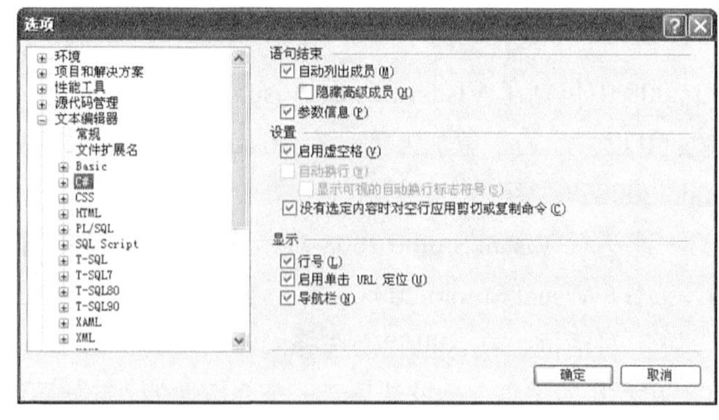

图 1-3　设置代码行前显示行号

（3）窗口管理　在 Visual Studio 2008 中可以编辑多种不同类型的文件，如代码文件、资源文件、Windows 窗体文件等，每种类型的文件都具有一个默认的编辑器。当用户在解决方案资源管理器中双击相应的文件时，将使用默认的编辑器打开文件。

Visual Studio 2008 集成开发环境由不同元素组成：文档窗口、菜单工具栏、标准工具栏以及可停靠及自动隐藏的各种窗口组成。除窗口外其他窗口可以调整大小、位置，每个窗口都有浮动、可停靠、选项卡式文档、自动隐藏、隐藏五种状态。

选项卡式文档　该功能可以使文档窗口显示为选项卡，可以在编辑区同时打开多个文档。

自动隐藏　把鼠标指针移动到要使用的窗口上，窗口就会显示出来，鼠标指针移开后窗口会自动隐藏。点击窗口右上部的按钮可以让窗口去掉自动隐藏，操作见图 1-4。

图 1-4　窗口自动隐藏

可停靠窗口　Visual Studio 2008 为了方便不同习惯的人使用，提供了灵活的可停靠窗口，打开的窗口可以放在工作区的任意位置。拖动可停靠窗口时会出现 9 个可停靠位置，把窗口拖到需要停靠位置区即可，操作见图 1-5。

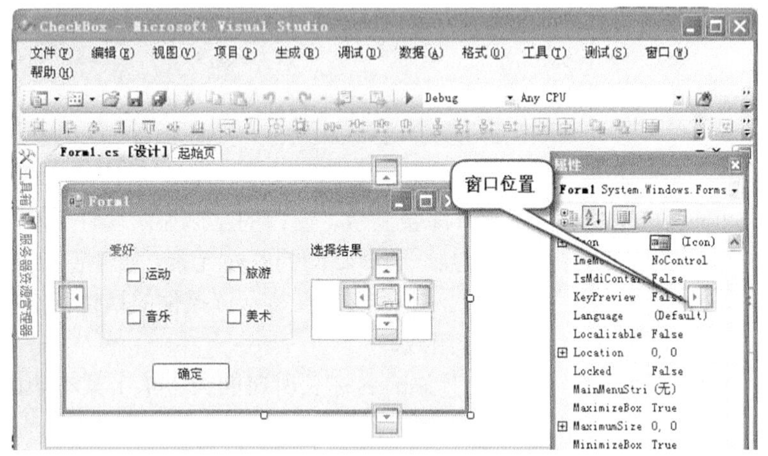

图 1-5　设置窗口停靠位置

（4）解决方案资源管理器(Solution Explorer)　“解决方案资源管理器”窗口见图 1-6。解决方案资源管理器提供项目及其文件的有组织的视图，并且提供对项目和文件相关命令的便捷访问。解决方案相当于一个逻辑上的容器，包括构成应用程序的项目和其他文件。一个解决方案中可以包含一个或多个项目，一个项目包含多个文件。在解决方案资源管理器中可以很方便添加删除项目、文件、文件夹、类等。

图 1-6　解决方案资源管理器窗口

此窗口的工具栏提供适用于列表中突出显示的项的常用命令。如果解决方案资源管理器没有打开，请在【视图】菜单上选择【解决方案资源管理器】。

（5）工具箱　工具箱中包含了应用程序设计时用到的控件以及非图形化的组件，如图 1-7 所示。在设计 Windows

应用程序时只需将选定的控件拖到页面上或者直接双击控件即可实现在窗体添加相应的控件。工具箱由不同的选项卡组成，各类控件、组件分别放在“常规”、“组件”、“所有Windows 窗体”、“对话框”、“数据”等选项卡下面。

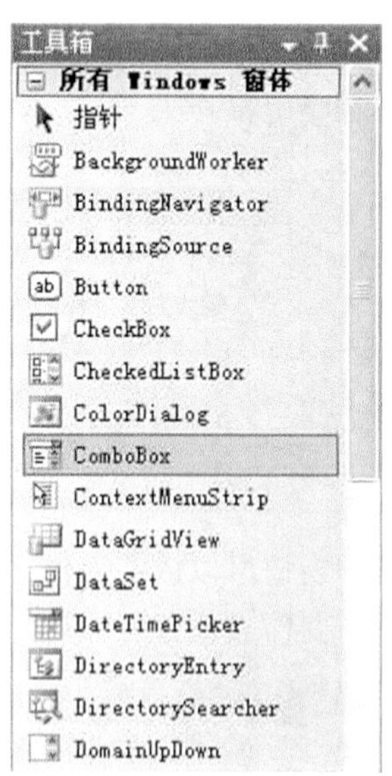

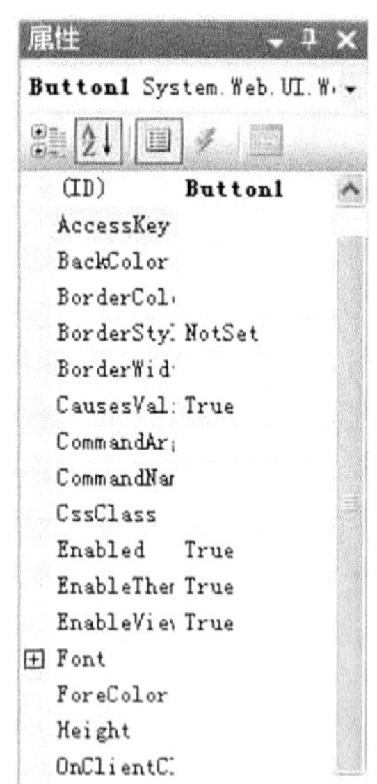

图 1-7　工具箱窗口和属性窗口

（6）属性窗口　属性窗口是用来显示和设置各种开发元素的属性的。在默认情况下，每次启动 Visual Studio 2008 时，属性窗口都会显示。窗口的左边显示属性名称，右边显示相对应的属性，底部显示所选属性的说明信息。选择不同的开发元素，属性窗口显示内容也不同。例如在设计视图时，用户选定某一控件，属性窗口会显示该控件的属性和该控件上可以发生的事件信息。属性窗口由以下几个部分组成。

① 对象列表框：标识当前所选定对象的名称及所属的类。单击其右边的下拉按钮，可列出所含对象的列表，从中选择要设置属性的对象。

② 选项按钮：常用的左边两个分别是“按分类顺序”、“按字母顺序”选项按钮，可选择其中一种排列方式，显示所选对象的属性。“按分类顺序”是根据属性的性质，分类列出对象的各个属性；“按字母顺序”是按字母顺序列出所选对象的所有属性。

③ 属性列表框：属性列表框由中间一条直线将其分为两部分，左边列出所选对象的属性名称，右边列出的是对应的属性值，可对该属性值进行设置或修改。

（7）服务器资源管理器　选择【视图】→【服务器资源管理器】，可以打开服务器资源管理器窗口，服务器资源管理器窗口可以很便利地列出指定服务器中的资源和数据库服务器资源，这个窗口使开发人员能十分方便地查看服务器端的资源，并可以通过拖动的方式向程序中添加服务器资源。如图 1-8 是服务器资源管理器窗口。

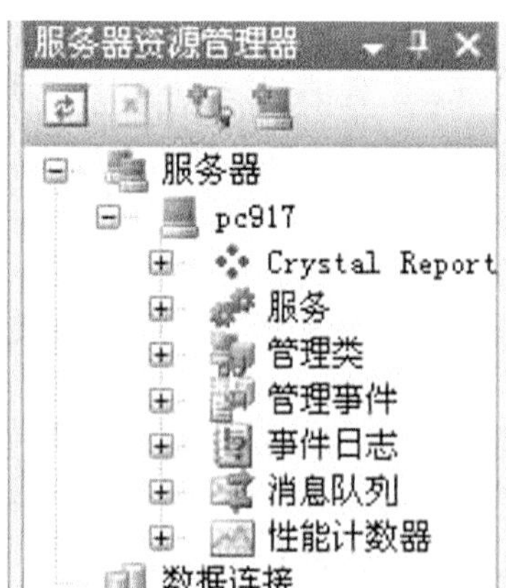

图 1-8　服务器资源管理器窗口

（8）代码编辑窗口　代码编辑窗口是专门用来进行代码

设计的窗口，各种事件过程、模块和类等源程序代码的编写和修改均在此窗口进行。代码编辑窗口见图 1-9 所示。

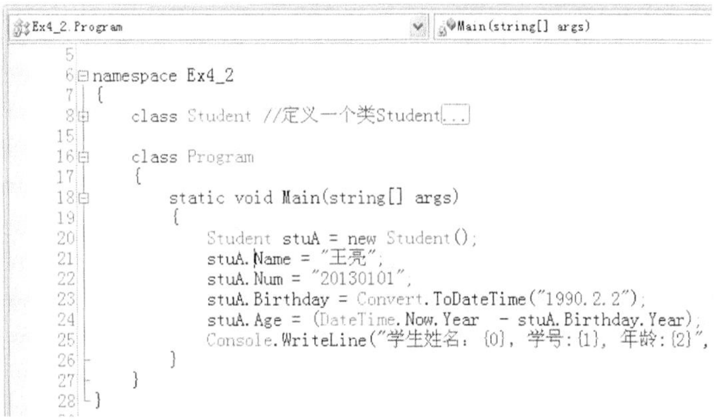

```
Ex4_2.Program                         Main(string[] args)

namespace Ex4_2
{
    class Student //定义一个类Student...

    class Program
    {
        static void Main(string[] args)
        {
            Student stuA = new Student();
            stuA.Name = "王亮";
            stuA.Num = "20130101";
            stuA.Birthday = Convert.ToDateTime("1990.2.2");
            stuA.Age = (DateTime.Now.Year  - stuA.Birthday.Year);
            Console.WriteLine("学生姓名：{0}，学号:{1}，年龄:{2}",
        }
    }
}
```

图 1-9　代码编辑窗口

代码编辑窗口左上方为对象列表框，右上方是事件、方法列表框，窗口中间是用户编辑区，可以在这个区域编写代码。C#代码窗口就像 Windows 资源管理器的树状目录结构一样，一个代码块、一个过程甚至一段注释都可以叠为一行。单击左边的“-”图标可以将一块代码折叠，而单击“+”号可以将折叠的代码展开。这样可以程序代码结构一目了然，方便代码的管理，提高程序开发和设计的效率。

（9）错误列表窗口(Error List)　错误列表窗口在开发与编译过程中，担当着非常重要的角色。比如，当用户在代码编辑器中输入了错误的语法或关键字，编译时会在错误列表中显示出错误信息。使用在菜单中选择【视图】、【错误列表】菜单项打开错误列表窗口，该窗口它显示了错误、警告和其他与项目有关的信息。图 1-10 为错误列表窗口。在列表项中双击，即可定位到出现该错误的代码行。

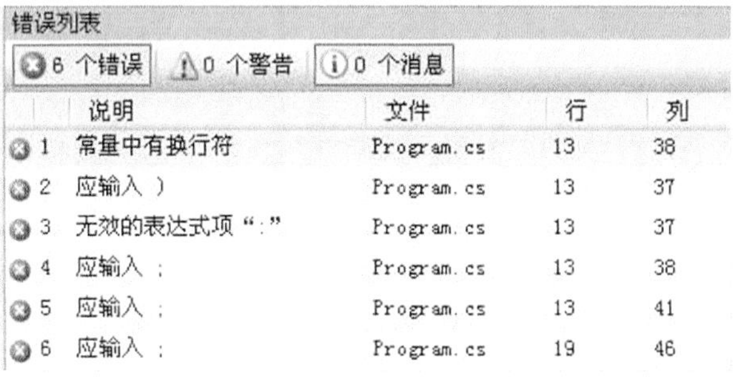

错误列表

6 个错误　0 个警告　0 个消息

	说明	文件	行	列
1	常量中有换行符	Program.cs	13	38
2	应输入)	Program.cs	13	37
3	无效的表达式项“:”	Program.cs	13	37
4	应输入 ;	Program.cs	13	38
5	应输入 ;	Program.cs	13	41
6	应输入 ;	Program.cs	19	46

图 1-10　错误列表窗口

1.2.3　Visual Studio 2008 特色功能介绍

（1）代码智能感知（IntelliSense）　Visual Studio 2008 提供了功能强大的代码智能感知功能，使用户不必完整记住类名，使程序编码效率更高，同时降低了出现代码错误的可能。

在编写代码时，只要在代码编辑区输入类名、关键字或变量的第一、第二个字母，系统会自动以该字母或字母组合开头的类名、关键字或变量名，同时右边方框会提供相应说明，见图 1-11 所示。此时只需按空格、回车即可完成代码输入。如果想继续选择类、或对象的下一级成员只需输入点运算符即可。

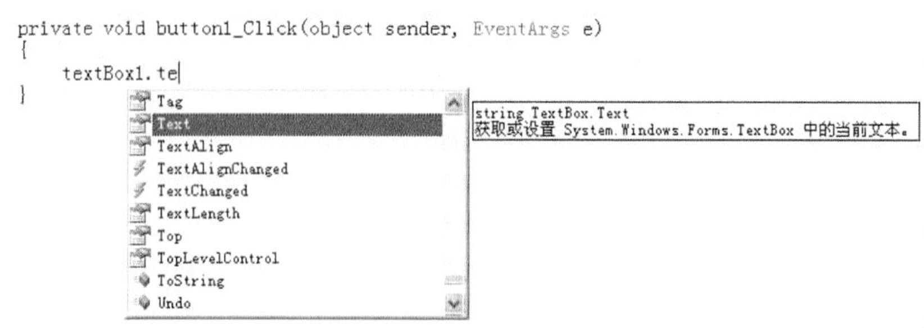

图 1-11　代码的智能感知功能

（2）代码自动完成　Visual Studio2008 中提供了代码自动完成功能，一些常用的程序控件结构、属性过程框架等由系统自动完成，大大减少了编程时的代码输入量。用户可以通过重构、插入代码段、外侧代码及快捷键等方式来实现，下面举例说明。

① 利用快捷菜单实现封装字段　例如要实现类中属性的编写只要需要在代码编辑区输入如下代码“int a; “，然后单击右键弹出快捷菜单，点选“封装字段”，见图 1-12 和图 1-13。

图 1-12　代码自动功能

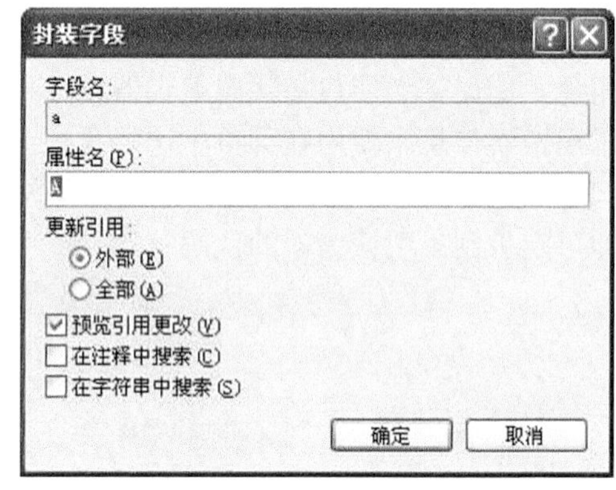

图 1-13　封装字段

在弹出的菜单中可以修改属性名，然后单击确定，完成代码如下。

```
int a;
public int A
  {
      get { return a; }
      set { a = value; }
  }
```

② 插入代码段　如果选择插入代码段，会弹出如图 1-14 所示窗口供用户选择需要插入的代码，如果选择 Visual C#中的 for，会自动插入 for 循环结构，其中的循环变量以反显方式显示，提示用户可以更改变量的名称。

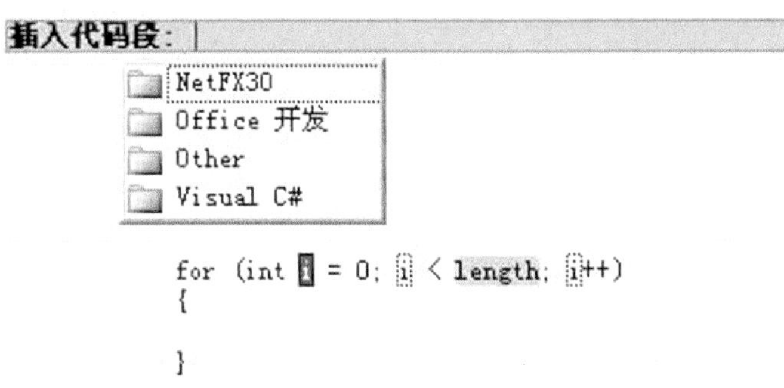

图 1-14　插入代码段

当一个项目组共同开发一个项目时，会用到很多重复的代码块，将这些代码块按照代码段的结构做成代码段，然后导入到 Visual Studio 2008 中，就可以在项目组中共享这些代码段。

代码段是一个非常重要的功能，它会极大地提高程序开发的效率。通过代码段可以重复使用一些代码，体现了“程序的复用性”这样一个重要思想。

③ 外侧代码　有些代码段为外侧代码段，顾名思义，就是位于代码两侧的代码段。这些代码段允许先选择代码行，然后选择要并入选定代码行的代码段。例如，选择代码行，然后激活 for 代码段，便可以创建一个 for 循环，选定的这些代码行在该循环块内。代码段可以使程序代码的编写更快、更容易、更可靠。

如选择如下两行代码

```
sum += a;
a++;
```

然后选择插入外侧代码，选 for，系统自动完成代码如下：

```
for (int i = 0; i < length; i++)
{
    sum += a;
    a++;
}
```

> 提示：用户也可以通过快捷键的方式来插入代码段，方法是输入关键字后连续按两次 Tab 键，例如输入 prop 后连续按两次 Tab 键，系统自动插入属性过程的代码。

1.3　第一个 C#控制台程序

在对 Visual Studio 2008 整个开发环境进行了初步了解之后，现在开始编写一个简单的例子来演示 C#应用程序的编写和运行过程，为后面的学习打好基础。这个应用程序实现的功能是让用户通过键盘输入自己的名字，然后程序在屏幕上打印出一条欢迎信息。

（1）首先启动 Visual Studio 2008，在起始页中选【文件】→【新建】→【项目】命令，打开新建项目对话框，如图 1-15 所示。

（2）在对话框中的左侧窗格中选择“Visual C#”，在右侧窗格中选择“控制台应用程序”，其他设计见图 1-15 中标示。

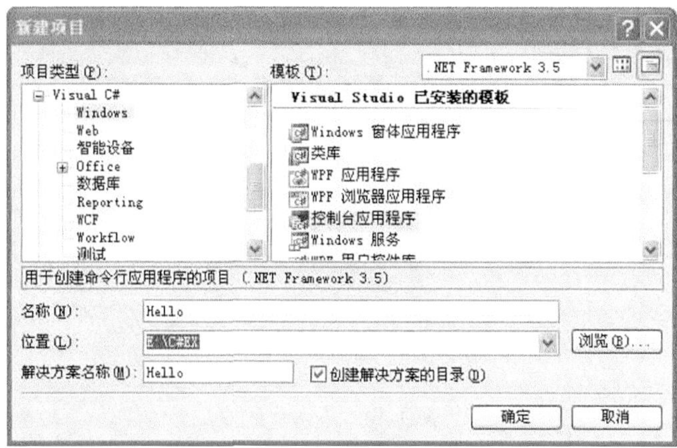

图 1-15 新建项目

（3）单击【确定】，进行编程界面，见图 1-16 所示。

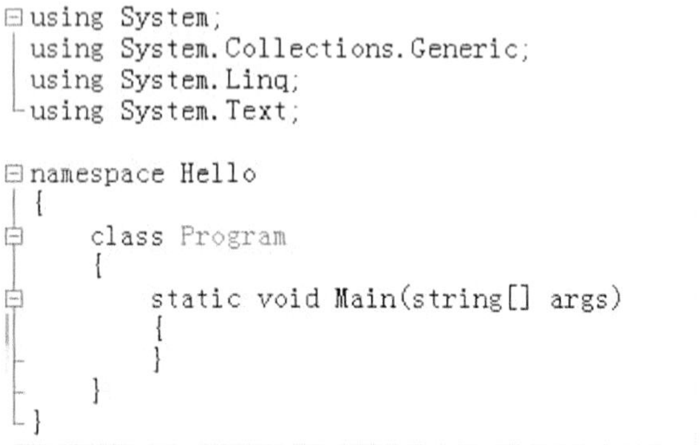

```
using System;
using System.Collections.Generic;
using System.Linq;
using System.Text;

namespace Hello
{
    class Program
    {
        static void Main(string[] args)
        {
        }
    }
}
```

图 1-16 编程界面

在 Main（）方法体中输入语句，最终代码如下。

```
using System;
using System.Text;
namespace Hello
{
    class Program
    {
        static void Main(string[] args)
        {
            Console.WriteLine("欢迎进入 C#世界！");
            //运行后在窗口中将显示字符串：欢迎进入 C#世界！
        }
    }
}
```

1.3.1 C#程序结构

下面我们来仔细分析上面程序的代码。

（1）注释 文件代码中以"//"开始的和以"/*"，"*/"界定的语句，这是C#语言的单行注释语句。和C++语言类似，C#支持两种注释方法：以"//"开始的单行注释和以"/*"开始、"*/"配对使用的多行注释，注释之间不能嵌套。用户应该在程序中添加必要的注释语句，这可以提高代码的可读性。注释语句不会参与程序的执行，合理的注释不但不会浪费编写所程序的时间，反而能让程序更加清晰

（2）using System 程序开始以"using" 开头的几条语句，表示导入命名空间，这里的"System"是Microsoft.NET系统提供的类库，System是.NET平台框架提供的最基本的名字空间之一。C#采用命名空间（namespace）来组织程序，命名空间可以嵌套。

using 指示符有两种用法：

```
using System;
```

该语句可以使我们用简短的类型名"Console"来代替类型"System.Console"；

```
using Output = System.Console;
```

该语句可以使我们用别名"Output"来代替类型"System.Console"。

命名空间的引入大大简化了C#程序的组织方式。using 指示符并不是必须的，如果没有这条语句，我们可以用类型的全局名字来获取类型。也就是说using语句采用与否不会对C#编译输出的程序有任何影响，它仅仅是简化了较长的命名空间的类型引用方式。

（3）namespace Hello 这代表本项目的命名空间，这个命名空间是“Hello”。命名空间定义了一个范围，在不同命名空间中定义相同的命名不会发生冲突。建立一个项目之后，C#自动为这个项目生成一个命名空间，用户也可以修改它的名字。

（4）class Program 这里用关键字class声明了一个类，类的名字叫做Program。这个程序所做的事情都是在这里实现的。类是C#封装的基本单位，在C#中没有全局变量，所有的数据、函数、方法等都包含在类中。

和C、C++中一样，源代码块被包含在一对大括号“{”和“}”中。每一个右括号“}”总是和它前面离它最近的一个左括号“{”相配套。

（5）static void Main(string[] args) Static void Main()表示类Program中的一个方法。在C#程序中，程序的执行总是从Main()方法开始的。Main()函数在C#里非常特殊，它是编译器规定的所有可执行程序的入口点。

C#是大小写敏感的语言，Main()函数名的第一个字母要大写，否则将不具有入口点的语义。Main()函数必须封装在类或结构里来提供可执行程序的入口点。C#采用了完全的面向对象的编程方式，C#中不可以有像C++那样的全局函数。

Main()函数的参数只有两种参数形式：无参数和string 数组表示的命令行参数，即Static void Main()或Static void Main(string[]args) ，后者接受命令行参数。一个C#程序中只能有一个Main()函数入口点。其他形式的参数不具有入口点语义，C#不推荐通过其他参数形式重载Main()函数，这会引起编译警告。

Main()函数返回值只能为void(无类型)或int(整数类型)。其他形式的返回值不具有入口点语义。

1.3.2 编译和运行程序

程序创建完毕，就可以进行编译。在菜单中选择【生成】→【生成解决方案】命令，C#编译器将会开始编译、链接程序并生成可以执行文件。

在编译过程中，如果发现错误，系统会打开如图1-17所示的【错误列表】窗口，列出编

译过程中发现的错误。用户双击提示语句即可直接跳转到对应的代码行。

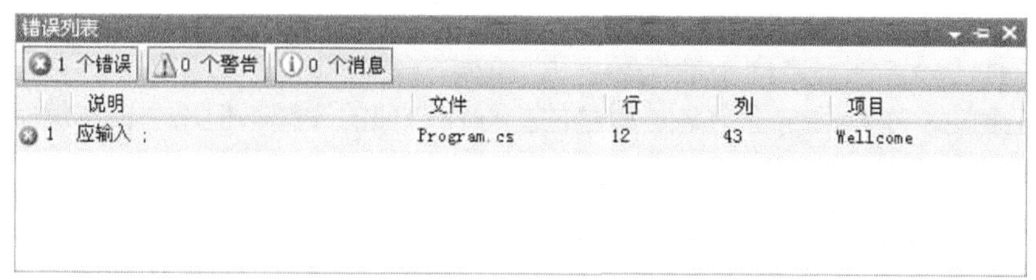

图 1-17 错误列表窗口

改正代码中的错误，选择菜单中【调试】→【开始执行】命令或【Ctrl+F5】组合键运行程序，运行结果见图 1-18 所示。

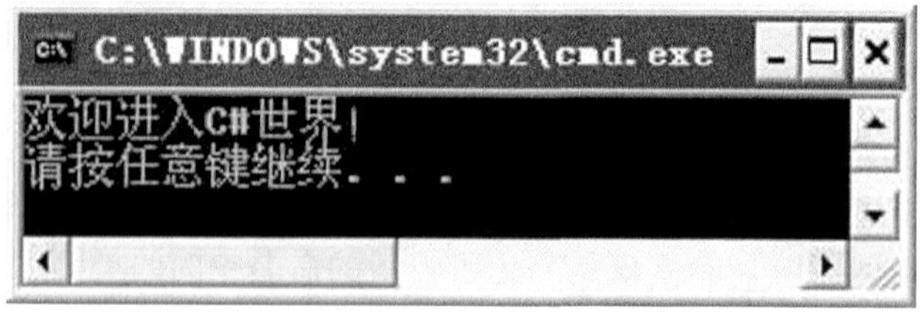

图 1-18 程序运行结果

1.4 输入输出操作

在 1.3 节程序中只用到一行代码，这就是 Console 类的 WriteLine 方法。在控制台程序中与用户实现交互的输入和输出功能都是通过 Console 来完成的。它是在名字空间中 System 已经定义好的一个类。输入主要是通过 Console 类的 Read 方法和 ReadLine 方法，输出通过 Write 和 WriteLine 方法实现的。

1.4.1 Console.WriteLine()方法和 Console.Write()方法

这两种方法用于将信息在输出设备上输出，二者的区别在于 WriteLine()方法在输出完信息之后添加一个回车符产生一个新行。

这两个方法既可以输出字符串也可以输出变量或表达式的值。例如：

```
Console.WrinteLine("Hello World");//输出字符串
Console.WriteLine(a);//输出变量的值，此处 a 为一变量
Console.WriteLine("a 的值是{0}, b 的值是{1}",a,b);//输出含有变量的字符串
```

其中{0}、{1}称为数据占位符，表示此处将有一个数据输出，占位符序号从 0 开始，输出的数据与后边参数列表中的变量或表达式依次匹配。

WriteLine 方法可以采用 {*N*[,*M*][:格式化字符串]} 的形式来格式化输出，其中参数含义如下：

N 表示输出变量的序号；

[,*M*]，可选项，*M* 表示输出变量所占的字符个数，其值为负时，输出变量左对齐方式排列，为正时为右对齐排列。

[:格式化字符串]，可选项，指定输出字符串的格式，表 1-1 为常用的格式字符。

表 1-1　常用的格式字符说明及用法

格式字符	说　明	注释示例	示例输出
C	区域指定的货币格式	Console.Write("{0:C}" ,3.1);	$3.1
D	整数，若给定精度指定符，如{0:D5},输出将以前导 0 填充	Console.Wirte("{0:D5}" ,31)	00031
E	科学表示，精度指定符设置小数位数，默认为 6 位，在小数点前面总是 1 位数	Console.Write("{0:E}" ,310000)	3.100000E+003
F	定点表示，精度指定符控制小数位数，可接受 0	Console.Write("{0:F2}" ,31);	31
G	普通表示，使用 E 或 F 格式取决于哪一种是最简捷的	ConsoleWrite("{0:G}" ,3.1)	3.1
N	数字，产生带有嵌入逗号的值，如 3,100,000.00	Console.Write("{0:N}" ,3100000)	3,100,000.00
X	十六进制数，精度指定符可以用于前导填充 0	Console.Write("{0:X}",230); Console.Write("{0:X}",0xffff);	FA FFFF

例【1-1】利用 Console.WriteLine ()方法输出变量的值，观察输出结果，代码如下。

```
using System;
class Class1
    {
        static void Main( )
        {
            int   iValue = 1025;
            float   fValue = 10.25f;
            double dValue = 10.25;
            Console.WriteLine("{0}    {0:000000}",iValue);    //填充 0
            Console.WriteLine("{0}    {0:000000}\n",dValue);
            Console.WriteLine("{0}    {0:######}",iValue);  //填充空占位符
            Console.WriteLine("{0}    {0:######}\n",dValue);
            Console.WriteLine("{0}    {0:#,####,#00}",iValue);  //逗号分隔
            Console.WriteLine("{0}    {0:##,###,#00}\n",dValue);
            Console.WriteLine("{0}    {0:0%}",fValue);     //百分号
            Console.WriteLine("{0}    {0:0%}",dValue);
        }
    }
```

完成代码编写后，选择菜单中【调试】【开始执行】命令或【Ctrl+F5】组合键运行程序，运行结果见图 1-19 所示。

1.4.2　Console.ReadLine()方法和 Console.Read()方法

Consle.ReadLine()用来从控制台读入一行字符包括空格，直到用户按回车键才会返回，返回值为 string 类型。如果没有接收任何输入或者无效的输入，将返回 null。注意 ReadLine()

方法不接受回车键。如果需要将用户输入的以数值形式使用，则需要进行数据类型转换。例如，需要将读取的数据以整形方式进行运算，语法格式为：

```
int a = int.Parse(Console.ReadLine());
```

```
C:\WINDOWS\system32\cmd.exe
1025    001025
10.25    000010

1025    1025
10.25    10

1025    1,025
10.25    10

10.25    1025%
10.25    1025%
请按任意键继续. . .
```

图 1-19　程序运行结果

Console.Read()用来从控制台读取字符，并且只读入一个字符（不管连着输入几个），包括空格，回车键被按下之后，方法返回。这个方法的返回值是输入字符的编码值。需要注意的是，如果输入多个字符，然后按回车键，通过 Read()方法得到的是用户输入的第一个字符。可以通过多次调用该方法得到用户所有的输入字符，包括回车和换行符。

【例 1-2】练习使用 ReadLine 和 Read 方法

新建一个 Visual C#控制台应用程序，输入如下代码。

```
static void Main(string[] args)
{
        string yourname;   //定义一个字符串变量，保存用户输入的字符串
        Console.WriteLine("请输入你的姓名:");
        yourname = Console.ReadLine();
        Console.WriteLine("{0},欢迎你进入 C#世界！", yourname);
        Console.WriteLine("请输入一个字符，然后按回车键：");
        int a; //Console.Read()方法返回的是字符的 ASCII 值，所以定义为整形量
        a = Console.Read();
        Console.Write("你输入的字符的 ASCII 编码值是:");
        Console.WriteLine("{0}", a);   //输出为字符的编码值
        Console.Write("你输入的字符是:");
        Console.WriteLine("{0}", (char)a); //通过强制类型转换将变量转换为字符
}
```

编辑完成后按【Ctrl+F5】运行程序，结果见图 1-20 所示。

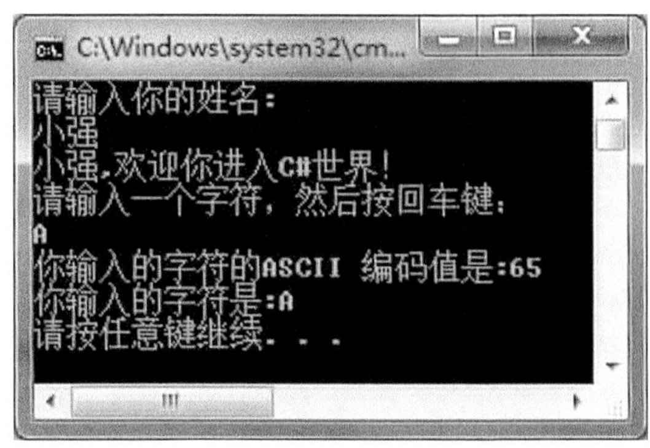

图 1-20　程序运行结果

习　题　1

一、选择题

1．C#是一种面向______语言。

A．机器　B．过程　C．对象　D．事物

2．C#中导入某一命名空间的关键字是________。

A．using　B．use　C．import　D．include

3．C#中程序的入口方法是_________。

A．main　B．Begin　C．Main　D．using

4．在 Visual Studio 开发环境的_____菜单项中可以设置要代码的显示字体样式。

A．【工具】【选项】　B．【编辑】【高级】

C．【视图】【代码】　D．【项目】【属性】

5．C#语言源代码文件的后缀名为________。

A．C#　B．CC　C．CSP　D．CS

二、思考题

1．C#主要特点有哪些？

2．如何为程序添加注释？

3．C#集成化开发环境有哪些窗口？各窗口的主要作用是什么？怎样打开这些窗口？

实训案例 1　熟悉 C#编程环境

一、实训目的

（1）熟悉 Visual Studio 2008 集成开发环境

（2）编写控制台应用示例程序

二、实训内容

【实训 1-1】设置 Visual Studio 2008 集成开发环境，要求设置代码的字号为 12，每行代码前显示该行的行号。

【实训 1-2】

（1）新建一个控制台应用程序，输入例 1-2 中的代码，然后编译，正确无误后按【Ctrl+F5】运行。

（2）学习调试程序的方法。将上述代码中某一行后的分号去掉，重新编译，观察系统的提示，分析原因及解决的方法。

第 2 章　C#编程基础

数据类型、常量、变量、表达式等概念是 C#程序设计的基础。C#支持种类丰富的数据类型和运算符，这种特性使得 C#的编程范围非常广泛。掌握这些基本知识是编写正确程序的前提。

2.1　基本数据类型

C#语言是一种强类型语言，在程序中用到的变量、表达式和数值等必须有类型，编译器检查所有数据类型操作的合法性，非法数据类型操作不会被编译。C#支持两种主要的数据类型，即值类型和引用类型。值类型可以分为：简单类型、结构类型、枚举类型；引用类型有四种：类类型、数组类型、委托类型和接口类型。值类型变量直接存储它的数据内容，而引用类型不存储实际数据内容，只存储对实际数据的引用。这两种类型的变量存储在内存的不同地方，其中值类型存储在堆栈中，而引用类型存储在托管堆上。

2.1.1　值类型

值类型直接存储其值，即定义一个值类型的变量时，C#会根据它所声明的类型，以堆栈方式分配一块大小相适应的存储区域给这个变量，随后对这个变量的读或写操作就直接在这块区域进行。

C#中的值类型包括：简单类型、枚举类型和结构类型。

（1）简单类型　简单类型是直接由一系列元素构成的数据类型。这些简单类型可分为：整数类型、布尔类型、字符类型和实数类型。

① 整数类型　整数类型的变量的值为整数。C#中整数类型：短字节型（sbyte）、字节型（byte）、短整型（short）、无符号短整型（ushort）、整型（int）、无符号整型（uint）、长整型（long）、无符号长整型（ulong）。见表 2-1。

表 2-1　C#整数类型

类型标识符	描　　述	表示范围
sbyte	8 位有符号整数类型	–128～127
byte	8 位无符号整数类型	0～255
short	16 位有符号整数	–32768～32767
ushort	16 位无符号整数	0～65535
int	32 位有符号整数类型	–2147483648～2147483647
uint	32 位无符号整数类型	0～4294967295
long	64 位有符号整数类型	–9223372036854775805～9223372036854775807
ulong	64 位无符号整数类型	0～18446744073709551615

② 浮点类型　C#中的浮点类型包括单精度（float）和双精度（double）两种，它们的差别在于取值范围和精度不同，见表 2-2 所示。普通的带有小数点的数值在 C#中作为双精度数值对待，如果作为单精度数据，需要在数据后面加 F 或 f，如 1.23F 或 1.23f。

③ 小数类型（decimal）　是 C#专门定义的一种高精度的数据类型，主要用于方便在金融和货币方面的计算。其范围小于浮点型，但精度比浮点型高，在数据的后面加上 m 或 M，表示该数据是小数类型，如 7.8m，否则会被解释成标准的浮点类型数据。

表 2-2　C#浮点类型和小类类型

类型标识符	描　述	精　度	大 致 范 围
Float	32 位单精度浮点数	7 位	$\pm 1.5 \times 10^{-45}$ ～ 3.4×10^{38}
double	64 位双精度浮点数	15～16 位	$\pm 5.0 \times 10^{-324}$ ～ 1.7×10^{308}
decimal	128 位小数	28～29 位	$\pm 1.0 \times 10^{-28}$ ～ $\pm 7.9 \times 10^{28}$

④ 字符类型（char 型）　常见的字符类型数据包括数字字符、英文字符、符号等。C#提供的字符类型采用了国际公认的 Unicode 字符集标准。一个 Unicode 的标准字符长度为 16 位，用它可以表示世界上大部分语言种类。

char 类型的变量值必须用单引号括起来，单引号内的字符只能是一个，并且不能是单引号或反斜杠。例如：

```
char  sign ='T';
```

为了表示单引号、反斜杠等特殊字符，C#提供了转义字符，见表 2-3 所示。

表 2-3　常用的转义符

常用字符转义符	含　义
\a	响铃
\n	换行符
\r	回车符
\t	制表符
\\	\
\'	'
\"	"

⑤ 布尔类型（bool 型）　布尔类型是用来表示一个事件或状态的“真”和“假”。不管任何数据，在计算机的内部都是采用二进制方式处理和存储。布尔类型表示的逻辑变量只有两种取值：“真”或“假”，在 C#中分别采用“true”和“false”表示。

注意：在 C# 中布尔类型与整型数据间不能进行转换。

（2）枚举类型　枚举 (enum) 是值类型的一种特殊形式。枚举类型允许用户用符号代表数据，这是一种用户自定义数据类型，目的是便于阅读和理解。

下面的程序代码声明了一个代表星期的枚举类型的变量。

```
enum WeekDay{
    Sunday，Monday，Tuesday，Wednesday，Thursday，Friday，Saturday
    };
```

其中 Enum 是关键字，用于声明枚举类型，WeekDay 为枚举名，大括号中间部分是枚举成员表，成员之间用逗号隔开，任何两个枚举成员不能具有相同的名称。

声明枚举类型之后，就可以像使用简单类型一样来声明枚举类型的变量了，如：

```
WeekDay day; //声明一个 WedkDay 类型变量
day=WeekDay.Tuseday;//为枚举变量赋值
```

注意：枚举类型的变量在某一时刻只能取枚举中某一个元素的值。如 day 这个表示“星期”的枚举的变量，它的值要么是 Sunday，要么是 Monday 或其他的星期元素，但它在一个时刻只能代表具体的某一天，不能既是星期二，又是星期三。

按照系统默认，枚举中的每个元素都是整型（int），且第一个元素的默认值为 0，枚举值可以是不连续值，但它后面的每一个连续的元素的值总是在前一个元素值的基础上按加 1 递增。在枚举中，也可以给元素直接赋值。下面的程序代码把星期一的值设为 10，其后的元素的值分别为 11，12…

【例 2-1】枚举类型的使用

```
using System;
using System.Collections.Generic;
using System.Text;
namespace Ex2_1
{
    class Program
    {
        enum WeekDay
        { Sunday, Monday = 10,Tuesday, Wednesday, Friday, Saturday };
        static void Main(string[] args)
        {
            WeekDay day;
            day = WeekDay.Tuesday;
            Console.WriteLine("{0},{1}", WeekDay.Sunday, (int)WeekDay.Sunday);
            Console.WriteLine("{0},{1}", day, (int)day);
        }
    }
}
```

代码编写完成后按【Ctrl+F5】运行程序，运行结果见图 2-1 所示。

图 2-1 程序运行结果

注意：为枚举类型的元素所赋值的类型限于 long、int、short 和 byte 等整数类型。

（3）结构类型 结构类型在 2.2 节中专门介绍。

2.1.2 引用类型

引用类型在栈中存储一个引用，其实际的存储位置位于托管堆。所以，引用类型的变量并不直接存储所包含的值，而是存储一个内存地址，这个地址指向的内存里存储着变量的位置。

C#中的引用类型包括数组类型、用户定义的类、接口类型、委托类型、object 类型、字符串类型。

本节先介绍 object 类和 string 类，其他内容在后续章节中介绍。

（1）object 类　C#中所有的类型都直接或间接继承 System.Object 类，包括所有的值类型和引用类型。System.Object 类也可用小写的 object 关键字表示，两者完全等同。因此 object 是 C#中所有类型的基类。C#语言规定，基类的引用变量可以引用派生类的对象，因此，对一个 object 的变量可以赋予任何类型的值。

```
float f=1.23F;
object obj1;            //定义 obj1 对象
obj1=f;
object obj2="China";//定义 obj2 对象并赋初值
```

（2）string 类　C#中定义的 string 类，表示一个 Unicode 字符序列，专门用于对字符串的操作。同样，这个类也是在.NET Framework 的命名空间 System 中定义的，是类 System.String 的别名。

字符串在实际中应用非常广泛，利用 string 类中封装的各种内部操作，可以很容易完成对字符串处理。例如：

```
string str1="123"+"abc";        //"+"运算符用于连接字符串
char c="Hello World!"[2];       //"[]"运算符可以访问 string 中的单个字符,c 为'l'
string str2="China";
string str3=@"China";           //表示字符串中的字符为原样输出，不考虑转义字符
bool b=(str2==str3);            //"=="运算符用于两个字符串比较，b 的值为 true
```

string 对象称为不可变的（只读），因为一旦创建了该对象，就不能修改该对象的值。看来似乎修改了 string 对象的方法实际上是返回一个包含修改内容的新 string 对象。

string 类提供了许多的字符串操作的函数，如比较、插入、合并、大小写转换、查找子串等，详细见 2.6 节。

2.1.3　类型转换

数据类型在一定条件下是可以相互转换的，如将 int 型数据转换成 double 型数据。C#允许使用两种转换的方式：隐式转换和显式转换。

（1）隐式转换　隐式转换是系统默认的、不需要加以声明就可以进行的转换。隐式转换即由系统进行的转换。能进行隐式转换的数据类型见表 2-4。

表 2-4　隐式转换的数据类型

类型	可以隐式转换成的数据类型
bool	Object
byte	decimal,double,float,int,uint,long,ulong,object,short,ushort
sbyte	decimal,double,float,int,long,object,short
char	decimal,double,float,int,uint,long,ulong,object,ushort
decimal	Object
double	Object
float	double,object

续表

类型	可以隐式转换成的数据类型
int	decimal,double,float,long,object
uint	decimal,double,float,long,ulong,object
long	decimal,double,float,object
ulong	decimal,double,float,object
short	decimal,double,float,int,long,object
ushort	decimal,double,float,int,uint,long,ulong,object

【例 2-2】数据的隐式转换

```
using System;
class Class1
    {   static void Main(string[] args)
        {
            int i=10;
            byte j=20;
            short k=34;
            k=k+i;          //出现错误，k+i 结果是 int 型，int 不能隐式转换为 short 型
            int a =j;       //转换正确
            float b=i;      //转换正确
            double c=k;     //转换正确
            Console.WriteLine("a={0},b={1},c={2}",a,b,c);
        }
    }
```

（2）显式转换　显式转换又叫强制类型转换，与隐式转换不同，显式转换需要用户明确地指定转换类型，一般在不存在该类型的隐式转换时才使用。格式如下：

(类型标识符)表达式

其作用是将“表达式”值的类型转换为“类型标识符”的类型。例如：

```
(int)1.23    //把 double 类型的 1.23 转换成 int 类型，结果为 1
double x = 10.6;
short y = (short)x
```

> 注意：
>
> （1）显式转换可能会导致错误。进行这种转换时编译器将对转换进行溢出检测。如果有溢出说明转换失败，就表明源类型不是一个合法的目标类型，转换就无法进行；
>
> （2）对于从 float、double、decimal 到整型数据的转换，将通过舍入得到最接近的整型值，如果这个整型值超出目标类型的范围，则出现转换异常。

【例 2-3】数据的显式转换

```
using System;
namespace Ex2_3
{    class Program
```

```
    {
        static void Main(string[] args)
        {   int i=65,i1,i2;
            double d = 66.3456,d1,d2;
            char c = 'A',c1,c2;
            Console.WriteLine("i={0:d5},d={1:f},c={2}", i, d, c);
            i1 = (int)d;            //强制类型转换
            d1 = i;                 //隐式类型转换
            c1 = (char)i;           //强制类型转换
            Console.WriteLine("i1={0:d5},d1={1:f},c1={2}", i1, d1, c1);
            i2 = c;                 //隐式类型转换
            d2 = (int)d;            //强制类型转换,转换成整数后再隐式转为 double 类型
            c2 = (char)d;           //强制类型转换
            Console.WriteLine("i2={0:d5},d2={1:f},c2={2}", i2, d2, c2);
        }
    }
}
```

代码编写完成之后，按【Ctrl+F5】运行，结果见图 2-2 所示。

图 2-2　程序运行结果

（3）使用方法进行数据类型的转换

① Parse 方法　Parse 方法可以将特定格式的字符串转换为数值。Parse 方法的使用格式为：

数值类型名称.Parse(字符串型表达式)

例如：

```
int x=int.Parse("123");
```

② ToString 方法　ToString 方法可将其他数据类型的变量值转换为字符串类型。ToString 方法的使用格式为：

变量名称.ToString( )

例如：

```
int x=123;
string s=x.ToString( );
```

③ 使用 Convert 类进行转换　用于将一个基本数据类型转换为另一个基本数据类型，常用方法如表 2-5 所示。

表 2-5　Convert 类的转化方法

名　称	说　明
ToBoolean()	将指定的值转换为等效的布尔值。
ToByte()	将指定的值转换为 8 位无符号整数。
ToChar()	将指定的值转换为 Unicode 字符。
ToDateTime()	将指定的值转换为 DateTime。
ToDecimal()	将指定值转换为 Decimal 数字。
ToDouble()	将指定的值转换为双精度浮点数字。
ToInt16()	将指定的值转换为 16 位有符号整数。
ToInt32()	将指定的值转换为 32 位有符号整数。
ToInt64()	将指定的值转换为 64 位有符号整数。
ToSByte()	将指定的值转换为 8 位有符号整数。
ToSingle()	将指定的值转换为单精度浮点数字。
ToString()	将指定值转换为其等效的 String 表示形式。
ToUInt16()	将指定的值转换为 16 位无符号整数。
ToUInt32()	将指定的值转换为 32 位无符号整数。
ToUInt64()	将指定的值转换为 64 位无符号整数。

例如：

```
string str="12345";
int i = Convert.ToInt16(str);
```

2.2　C#中的变量和常量

2.2.1　变量

（1）变量定义　在 C#程序里使用某个变量之前，必须要告诉编译器它是一个什么样的变量，因此要对变量进行定义。变量命名规则如下：

- 首字符必须为字母或下划线，其后的字符可以任意字母、数字及下划线；
- 变量名中间不能包括空格；
- 不可以使用 C#的关键字，如 class、namespace、new、void 等；
- C#中支持中文变量名，但不建议使用中文变量名。

定义变量的方法如下：

[访问修饰符] 数据类型 变量名 [= 初始值];

例如：

```
string name="王华";
int age=20;
```

也可以同时声明一个或多个给定类型的变量，例如：

```
int a=1,b=2,c=3;
```

（2）值类型的变量　如果一个变量的值是普通的类型，那么这个 C#变量就是值类型的变量。值类型的变量直接把值存放在变量名标记的存储位置上。

当定义一个值类型变量并且给它赋值的时候，这个变量只能存储相同类型的数据。所以，一个 int 类型的变量就只能存放 int 类型的数据。另外，当把值赋给某个值类型的变量时，C#首先会创建这个值的一个拷贝，然后把这个拷贝放在变量名所标记的存储位置上。

例如：

```
int x;
int y=2;
x=y;
```

所有变量都要求必须有初值，如没有赋值，采用默认值。对于简单类型，sbyte、byte、short、ushort、int、uint、long 和 ulong 默认值为 0，char 类型默认值是(char)0，float 为 0.0f，double 为 0.0d，decimal 为 0.0m，bool 为 false，枚举类型为 0。

（3）引用类型的变量　引用表示所使用的是变量或对象的地址而不是变量或对象本身。当声明引用类型变量时，程序只是分配了存放这个引用的存储空间。要想创建对象并把对象的存储地址赋给该变量，就需要使用 new 操作符。例如：

```
MyClass var;        //MyClass 是已定义的类或类型
var=new MyClass();
```

引用类型变量中保存的是“指向实际数据的引用指针”。在进行赋值操作的时候，它和值类型一样，也是先有一个复制的操作，不过它复制的不是实际的数据，而是引用（真实数据的内存地址）。所以引用类型的变量在赋值的时候，赋给另一变量的实际上是内存地址。这样赋值完成后，两个引用变量中保存的是同一引用，它们的指向完全一样。

如果没有给引用类型变量赋初值，其默认初值为 null。

2.2.2 常量

（1）直接常量　直接常量是指把程序中不变的量直接硬编码为数值或字符串值，例如，以下都是直接常量：

```
100          //整型直接常量
2L           //长整型直接常量
1.23e5       //用科学计数法表示的浮点型直接常量
```

（2）符号常量　符号常量是通过关键字 const 声明的常量，包括常量的名称和它的值。常量声明的格式如下：

const 数据类型 常量名=初始值;

其中，“常量名”必须是 C#的合法标识符，在程序中通过常量名来访问该常量。“类型标识符”指示了所定义的常量的数据类型，而“初始值”是所定义的常量的值。

例如：

```
const double PI=3.14159265;
```

2.3 表 达 式

表达式是由一个或多个操作数以及零个或零个以上的运算符所组成的序列，可以通过计算得到一个值、对象、方法或命名空间等结果。操作数可以是常量、变量、属性等，运算符指示对操作数进行什么样的操作。运算符按运算功能分可以有：算术运算符、关系运算符、逻辑运算符、位运算符、赋值运算符、条件运算符等。

2.3.1 算术运算符

算术运算符用于对操作数进行算术运算，参与运算的操作数类型可以是整形也可以是浮点型。C#的算术运算符如表 2-6 所示。

表 2-6 算术运算符

运算符	含 义	示 例
+	加	x+y
–	减	y-1
*	乘	X*Y
/	除	5/2
%	取余	11%3
++	递增	++x;
--	递减	--y；y--

2.3.2 关系运算符

C#语言提供六种关系运算符，如表 2-7 所示。

表 2-7 关系运算符

运算符	名 称	示 例	功 能
<	小于	a<b	a 小于 b 时返回真；否则返回假
<=	小于等于	a<=b	a 小于等于 b 时返回真；否则返回假
>	大于	a>b	a 大于 b 时返回真；否则返回假
>=	大于等于	a>=b	a 大于等于 b 时返回真；否则返回假
==	等于	a==b	a 等于 b 时返回真；否则返回假
!=	不等于	a!=b	a 不等于 b 时返回真；否则返回假

2.3.3 逻辑运算符

C#语言提供四种逻辑运算符，如表 2-8 所示。

表 2-8 逻辑运算符

符 号	意 义	示 例
!	逻辑非	!(2<3)为 false
&&	逻辑与	(3<5)&&(5>4)为 true
||	逻辑或	(3<5)||(5>4)为 true
^	异或（逻辑位运算，当且仅当表达式的一边为真时才为真）	5^6 的值为 3（运算方法：对两个数的每个二进制位进行比较，如果相同则为 0，不同则为 1）

注意：当进行 x&&y 运算时，如果 x 为 false，则不计算 y 表达式，这称为逻辑运算的短路。类似的，当进行 x||y 运算时，如果 x 为 true，则不计算 y 表达式。

2.3.4 赋值运算符

赋值运算符（=）用于将一个数据赋予一个变量。其运算过程是先求出右侧表达式的结果，然后再将结果赋给左侧的变量。 运算符的左边必须是一个变量，而不能是一个表达式。

在赋值运算符的基础上加上其他运算符，就构成了复合赋值运算符。C#的复合赋值运算符见表 2-9 所示。

表 2-9　赋值运算符

符　　号	意　　义	示　　例
+=	加赋值	a+=b 等价于 a=a+b
-=	减赋值	a-=b 等价于 a=a-b
*=	乘赋值	a*=b 等价于 a=a*b
/=	除赋值	a/=b 等价于 a=a/b
%=	取模赋值	a%=b 等价于 a=a%b
<<=	左移赋值	a<<=b 等价于 a=a<<b
>>=	右移赋值	a>>=b 等价于 a=a>>b
&=	与赋值	a&=b 等价于 a=a&b
^=	异或赋值	a^=b 等价于 a=a^b
|=	或赋值	a|=b 等价于 a=a|b

2.3.5　条件运算符

条件运算符是一个三元运算符，每个操作数同时又是表达式的值。由条件运算符构成的表达式称为条件表达式。条件运算符的使用格式如下：

表达式 1？ 表达式 2： 表达式 3

它的计算方式为，先计算“表达式 1”（必须为布尔值）的值，如果其值 true，则“表达式 2”的值作为整个表达式的最终结果；否则“表达式 3”的值作为整个表达式的值。

例如，以下表达式返回 a 和 b 中的最大值：

```
max=a>b ? a : b //计算过程是，当 a>b，max= a；  否则 max=b。
```

2.3.6　运算符及其优先级

运算符的优先级是指在表达式中哪一个运算符应该首先计算。

C#根据运算符的优先级确定表达式的求值顺序：优先级高的运算先做，优先级低的操作后做，相同优先级的操作从左到右依次做，同时用小括号控制运算顺序，任何在小括号内的运算最优先进行。C#的运算符优先级见表 2-10 所示。

表 2-10　运算符的优先级表

优先级	种　　类	操　作　符
1	初级运算符	(x)，x.y，f(x)，a[x]，x++，x--，new，typeof，sizeof，checked，unchecked
2	一元运算符	+，-，!，~，++x，--x，(T)x
3	乘法运算符	*，/，%
4	加法运算符	+，-
5	移位运算符	<<，>>
6	关系运算符	<，>，<=，>=，is
7	相等运算符	==，!=
8	按位与运算符	&
9	按位异或运算符	^
10	按位或运算符	|
11	逻辑与运算符	&&
12	逻辑或运算符	||
13	条件运算符	?:
14	赋值运算符	=　*=　/=　%=　+=　-=　<<=　>>=　&=　^=　|=

注：.为成员访问运算符，[]为索引运算符，(T)为强制类型转换运算，new 为创建对象的一个实例。

2.4 结构类型

在程序设计中经常要把一组相关的信息存放在一起，如学生的信息包括姓名、性别、家庭住址等。如果将姓名、性别、家庭住址分别定义为相互独立的简单数据类型，就难以反映它们之间的内在联系。

C#中提供了称为结构类型的数据类型，这种类型可以把一系列相关的变量组织成为一个单一实体，这种单一实体的类型就是结构类型，把其中的每一个变量称为结构的成员。结构类型的变量采用 struct 关键字来进行声明。结构类型的变量是值类型的。

（1）结构类型的声明　结构类型由若干“成员”组成的。数据成员称为字段，每个字段都有自己的数据类型。声明结构类型的一般格式如下：

```
struct 结构类型名称
   {[字段访问修饰符] 数据类型 字段 1;
    [字段访问修饰符] 数据类型 字段 2;
    ...
    [字段访问修饰符] 数据类型 字段 n;
   };
```

例如，以下声明一个具有姓名和年龄的结构体类型 Student：

```
struct Student              //声明结构类型 Student
{       public int xh;      //学号
        public string xm;   //姓名
        public string xb;   //性别
        public int nl;      //年龄
        public string bh;   //班号
};
```

（2）结构类型变量的定义　声明一个结构类型后，可以定义该结构类型的变量（简称为结构变量）。定义结构变量的一般格式如下：

结构类型 结构变量;

例如，在前面的结构类型 Student 声明后，定义它的两个变量如下：

```
Student s1,s2;
```

（3）结构变量的使用

① 访问结构变量字段　访问结构变量字段的一般格式如下：

结构变量名.字段名

例如，s1.xh 表示结构变量 s1 的学号，s2.xm 表示结构变量 s2 的姓名。

结构体变量的字段可以在程序中单独使用，与普通变量完全相同。

② 结构变量的赋值　结构变量的赋值有两种方式。

结构变量的字段赋值：使用方法与普通变量相同。

结构变量之间赋值：要求赋值的两个结构变量必须类型相同。例如：

s1=s2;

这样 s2 的所有字段值赋给 s1 的对应字段。

【例 2-4】 新建一个控制台程序应用程序，程序代码如下：

```
using System;
```

```
namespace Ex2_4
{   class Program
    {
    struct Student                      //结构类型声明应放在 Main 函数的外面
     {
        public int xh;                  //学号
        public string xm;               //姓名
        public string xb;               //性别
        public int nl;                  //年龄
        public string bh;               //班号
     }
     static void Main(string[] args)
    {    Student s1,s2;                 //定义两个结构类型变量
         s1.xh = 101;
         s1.xm = "李明";
         s1.xb = "男";
         s1.nl = 20;
         s1.bh = "07001";
         Console.WriteLine("学号:{0},姓名:{1},性别:{2},年龄:{3},
班号:{4}", s1.xh, s1.xm, s1.xb, s1.nl, s1.bh);
         s2 = s1;                       //将结构变量 s1 赋给 s2
         s2.xh = 108;
         s2.xm = "王华";
         Console.WriteLine("学号:{0},姓名:{1},性别:{2},年龄:{3},
          班号:{4}", s2.xh, s2.xm, s2.xb, s2.nl, s2.bh);
    }
    }
}
```

代码编写完成之后运行程序，运行结果见图 2-3 所示。

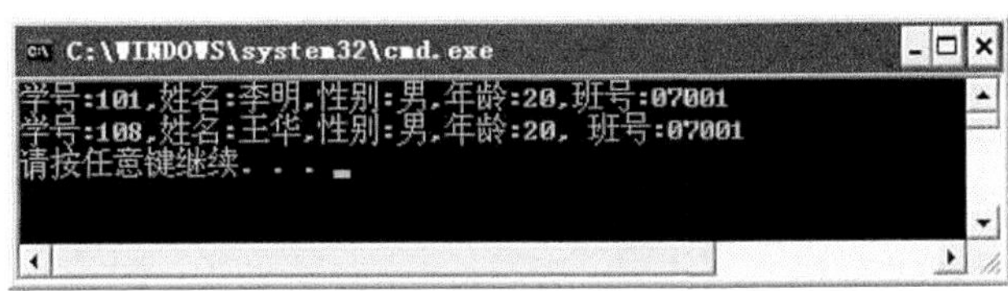

图 2-3 程序运行结果

2.5 数组

数组是一种数据结构，包含同一个类型的多个元素，这些元素可以通过一个数组名和数组下标来访问，C#数组索引从零开始。数组类型属于引用类型，它由抽象类 System.Array 派生而来。C#中数组的工作方式与在大多数其他流行语言中的工作方式类似，但还有一些差异

应引起注意。

2.5.1 一维数组

（1）一维数组定义　一维数组以线性方式存储固定数目的项，只需一个索引值即可标识任意一个项。

一维数组的一般格式为：

```
数据类型 [] 数组名;
```

例如：

```
int [] a1 ;      //a1 是一个含有 int 类型数据的数组
string [] s1;    //s1 是一个含有 string 类型数据的数组
```

在定义数组之后，必须对其进行初始化才能使用数组。初始化数组有两种方法，即动态初始化和静态初始化。

（2）动态初始化　动态初始化用 new 运算符创建数组实例，为数组分配内存空间，并用默认值为数组元素赋初值，对于数值类型默认值为 0。动态初始化有两种基本形式。

① 声明数组和创建数组分别进行。

```
数据类型[]  数组名;                        //数组声明
数组名= new  数据类型[数组长度];           //创建数组实例;
```

② 声明数组和创建数组合在一起进行

数据类型[ ] 数组名= new 数据类型[数组长度];

例如：

```
int []   a1;
a1= new int[10];              // a1 是一个有 10 个 int 类型元素的数组;
string [] s1=new string[5] ;  //s1 是一个有 5 个 string 类型元素的数组。
```

初始化时也可以为数组元素赋予其他初始值，如：

```
int [] a = new int[5] {1,2,3,4,5};
```

这里，大括号里列出的值就是数组元素的初值。

注意：为数组提供的初值的数量必须与数组元素的个数一致。

在定义数组时可省略数组的大小，由编译系统根据初始表中的数据个数，自动计算数组的大小。如：

```
int[] numbers = new int[] {1, 2, 3, 4, 5};                          //长度为 5 的整形数组
string[] names = new string[] {"Matt", "Joanne", "Robert"};  //长度为 3 的字符串数组
```

数组声明与初始化分开在不同的语句中进行时，在使用时用 new 将其实例化。如：

```
int[] numbers;
numbers=new int {1, 2, 3, 4, 5};
```

（3）静态初始化　如果数组元素中包含的元素不多，可以采用静态初始化的方法。静态初始化数组时，必须与数组定义结合在一起。

静态初始化格式如下：

```
数据类型[] 数组名= {初始值表};
```

其中初始值表中的数据用逗号隔开。这时由编译系统根据初始化表中的数据个数自动计算数组的长度。

例如：

```
int[] numbers = {1, 2, 3, 4, 5};                //数组长度为 5
string[] names = {"Matt", "Joanne", "Robert"};  //数组长度为 3
```

（4）数组的引用　数组必须先定义,然后使用。只能逐个引用数组元素的值而不能一次引用整个数组中的全部元素的值。访问一维数组元素的方式为：

```
数组名[下标]
```

下标可以是整型常量或整型表达式。C#数组从 0 开始建立索引，即元素的下标从 0 开始编码，最大值为数组的长度减 1.

例如，下面语句定义一数组 a 并给元素 a[0]、a[4]赋值。

```
int[] a=new int[5];
a[0]=10;            // a[0]赋值为 10
a[4]=a[0];          // 给 a[4]赋值 a[0]，最终 a[4]的值也为 10
```

【例 2-5】定义一个一维数组并进行初始化，找出该数组中的最大数和最小数。

```
using System;
namespace Ex2_5
{
    class Program
    {
        static void Main(string[] args)
        {
            int max, min;
            int[] que = new int[10] { 89,78,65,52,90,23,12,63,80,95};
            max = min = que[0];
            for(int i=1;i<10;i++)
            {
                if (que[i] > max) max = que[i];
                if (que[i] < min) min = que[i];
            }
            Console.WriteLine("最大数是{0}，最小数是{1}", max, min);
        }
    }
}
```

2.5.2　二维数组

二维数组中的数组元素是排成行列形式的一组双下标变量，用一个统一的数组名来标识、第一个下标表示行，第二个下标表示列。下标也从 0 开始排列。

（1）二维数组的定义　二维数组的定义与一维数组相似，其一般语法格式如下：

```
数据类型[,] 数组名;
```

其中数据类型为数组中元素的类型，例如：

```
int[,] a
string [,] b;
```

由于数组是引用型变量，定义二维数组之后不为数组元素分配内在空间，必须为其分配内在后才能使用。

（2）二维数组的初始化　二维数组的初始化与一维数组很相似，也包括两种初始化方法：动态初始化与静态初始化。

数组初始化常用的语法格式如下：

```
数组名 =new 数据类型[数组长度 1,数组长度 2];
```

其中数组长度 1 和数组长度 2 是整型常量或变量，分别代表数组第一维和第二维的长度。

程序设计中，也可以在数组声明时进行初始化，例如：

```
int[,]  number=new int[2,3] {{1,2,3},{4,5,6}}; //2 行 3 列数组
string[,] s=new string[2,2]{{"aa","bb"},{"cc","dd"}}
```

数组声明与初始化同时进行时，数组元素的个数为第一维长度和第二维长度之积，其中数组的每一行分别用一个大括号括起来，每个大括号内的数据就是这一行的每列元素的值，初始化时的赋值顺序按数组元素的“行”来存储的。

在定义数组时可省略数组的大小，例如：

```
int[,]  number=new int[,] {{1,2},{3,4},{5,6}} ; //3 行 2 列数组
string[,] s=new string[,]{{"aa","bb"},{"cc","dd"}};
```

在这种情况下，由编译系统根据初始化表中大括号中的个数来确定数组的行数，再根据大括号内数据的个数来确定列数，从而确定数组的行、列长度。

二维数组也可以进行静态初始化，定义时提供初始值，省略 new 运算符，例如：

```
int[,] number= {{1,2},{3,4},{5,6}} ;
string[,] s= {{"aa","bb"},{"cc","dd"}}
```

在这种情况下，编译系统根据初始化表中大括号的个数来确定数组的行数，再根据大括号内数据的个数来确定列数。

（3）二维数组的引用　二维的引用方式为：

数组名[下标 1,下标 2]

与一维数组相同，二维数组元素的下标也是从 0 开始编码。如：

```
int[,]  number=new int[3,2] ;
number[0,0]=1;          //数组元素 number[0,0]赋值 1
number[2,1]=6;          //数组元素 number[2,1]赋值 6
```

【例 2-6】 定义一个二维数组，数组的值为学生的考试成绩，将其中数值大于等于 60 的数据显示，并统计大于等于 60 的元素个数。

```
using System;
namespace EX2_6
{
    class Program
    {
        static void Main(string[] args)
        {
            int count;
            int[,] a = new int[3, 4] { {89,23,45,56 }, {12,3,67,78 }, {23,54,65,80} };
            count = 0;
```

```
                for (int i = 0; i < 3; i++)
                {
                    for (int j = 0; j < 4; j++)
                        Console.Write("{0},",a[i,j]);
                    Console.WriteLine() ;
                }
                foreach (int x in a)
                {
                    if (x >= 60)
                    {
                        count++;
                        Console.Write("{0},",x);
                    }
                }
                Console.WriteLine("大于等于 60 的元素有{0}个", count);
            }
        }
    }
```

2.5.3 System.Array

C#中提供了一个现成的名为 System.Array 的类，Array 类是所有数组类型的抽象基类型，可以通过这个类提供的属性和方法对数组执行大多数操作。例如，通过 System.Array 的 Length 属性可以获取数组的长度，通过 GetLength(n)方法，可以得到第 *n* 维的数组长度(*n* 从 0 开始)。在程序中利用这些属性或方法，可以有效防止数组下标越界。

利用 Array 类的属性和方法实现【例 2-6】中的功能，代码如下。

```
using System;
namespace Ex2_7
{
    class Program
    {
        static void Main(string[] args)
        {
            int count;
            int[,] a = new int[3, 4] { {89,23,45,56 }, {12,3,67,78 }, {23,54,65,80} };
            count = 0;
            for (int i = 0; i < a.GetLength(0); i++) //第一维长度
            {
                for (int j = 0; j < a.GetLength(1); j++) //第二维长度
                    Console.Write("{0},",a[i,j]);
                Console.WriteLine() ;
```

```
            }
            foreach (int x in a)
            {
                if (x >= 60)
                {
                    count++;
                    Console.Write("{0},",x);
                }
            }
            Console.WriteLine();
            Console.WriteLine("数组中共有{0}个元素", a.Length);//数组长度
            Console.WriteLine("大于等于 60 的元素有{0}个", count);
        }
    }
}
```

2.6 C#常用的公共类及其方法

为了方便用户进行一些常用的操作和运算，C#中提供了许多公共类供用户使用。只要添加对相应类所在命名空间的引用，就可以在程序中使用这些类。

（1）算术运算类 System.Math　Math 类为三角函数、对数函数和其他通用数学函数提供常数和静态方法，见表 2-11。

表 2-11　Math 类的常见方法

方 法 名	功 能	返 回 值
int Abs(int x)	求整数 x 的绝对值	绝对值
double Acos(double x)	计算 arccos(x)的值	计算结果
double Asin(double x)	计算 arcsin(x)的值	计算结果
double Atan(double x)	计算 arctan(x)的值	计算结果
double atan2(double y, double x);	计算 arctan(y/x)的值	计算结果
long BigMul(int x, int y)	计算 x*y 的值	计算结果
int Ceiling(double x)	返回大于或等于所给数字表达式 x 的最小整数	最小整数
double Cos(double x)	计算 cos(x)的值	计算结果
double Cosh(double x)	计算 x 的双曲余弦 cosh(x)的值	计算结果
int DivRem(int x,int y,int z)	计算 x 与 y 的商，并将余数作为输出参数进行传递	x 与 y 的商，z 为余数
double Exp(double x)	求 e^x 的值	计算结果
double Floor (double x)	返回小于或等于所给数字表达式 x 的最大整数	最大整数
double Log(double x)	计算 ln(x)的值	计算结果
double Log10(double x)	计算 $\log_{10}$(x)的值	计算结果
double Max(double x, double y)	返回 x,y 中的较大者	计算结果
double Min(double x, double y)	返回 x,y 中的较小者	计算结果
double Pow(double x,double y)	求 x^y 的值	计算结果
int　Round(double x)	将 x 四舍五入到最接近的整数	计算结果

续表

方　法　名	功　　能	返　回　值
double　Round(double x,int y)	将 x 四舍五入到由 y 指定的小数位数	计算结果
int Sign(double x)	返回表示 x 符号的值	数值 x 大于 0，返回 1；数值 x 等于 0 返回 0；数值 x 小于 0，返回-1
double Sin(double x)	计算 sin(x)的值	计算结果
double Sinh(double x)	计算 x 的双曲正弦 sinh(x)的值	计算结果
double Sqrt(double x)	求 $\sqrt{x}$ 的值	计算结果
double Tan(double x)	计算 tan(x)的值	计算结果
double Tanh(double x)	计算 x 的双曲正切 tanh(x)的值	计算结果

表 2-11 中的方法都静态方法，可以直接使用，如：

```
Math.Max(3,4);
```

另外，C#中还提供了一个生成随机数的类 Random。其使用方法如下：

```
Random rand = new Random();//初始化随机数发生器
int num1=rand.Next();//返回一个非负的随机数
int num2 =rand.Next(100);返回一个小于 100 的非负随机数
int num3 = rand.Next(1,20);返回一个大于 1 并且小于 20 的随机数，
double num4 =rand.NextDouble();返回一个介于 0.0 至 1.0 之间的随机数
```

（2）字符串类的常用方法　字符串类有很多是实例方法，所以在方法原型中对字符串变量进行了定义，再通过成员访问运算符调用，见表 2-12。

表 2-12　字符串类的常用方法

方　法　名	功　　能	返　回　值
Compare(string　str1,string str2)	比较 str1,str2 两个字符串的大小	两个字符串相同，返回 0；若字符串 str1 小于字符串 str2，返回负数；否则，返回正数
CompareOrdinal(string　str1, string str2)	比较 str1,str2 两个字符串的大小,但是以相应字符的 ASCII 值进行比较	相应字符的 ASCII 差值
string str1; str1.CompareTo(string str2)	将当前字符串对象 str1 与 str2 进行比较	两个字符串相同，返回 0；若字符串 str1 小于字符串 str2，返回负数；否则，返回正数
string str1; str1. EndsWith (string str2)	将 str1 与 str2 结尾处的字符串进行比较	包含相同部分则返回 true，否则返回 false。注意，字符串区分大小写。
string str1; str1.IndexOf(char str2)	确定指定的字符 str2(或字符串)在字符串 str1 中第一次出现的位置	如果找到则返回位置，否则返回–1
string str1; char[] c; str1.IndexOfAny(c)	同 IndexOf 类似，区别在于，它可以搜索在一个字符串 str1 中，出现在一个字符数组 c 中的任意字符第一次出现的位置。	如果找到则返回位置，否则返回–1
string str1; str1.Insert(int n,string str2)	将字符串 str2 插入到字符串 str1 中的指定位置 n，创建一个新的字符串	返回新字符串
string.Join(string　str2,string str1)	用一个字符串数组 str1 和一个分隔符串 str2 创建连接成一个新的字符串	返回新字符串
string str1; str1.LastIndexOf(char str2)	确定指定的字符 str2(或字符串)在字符串 str1 中最后一次出现的位置	如果找到则返回位置，否则返回–1

续表

方法名	功能	返回值
string str1; char[] c; str1.LastIndexOfAny (c)	同 IndexOfAny 类似，区别在于，它可以搜索在一个字符串 str1 中，出现在一个字符数组 c 中的任意字符最后一次出现的位置。	如果找到则返回位置，否则返回–1
string str1; str1.PadLeft(int n,char c)	右对齐并以字符 c 填充字符串 str1，以使字符串 str1 最右侧的字符到该字符串的开头为指定的总长度 *n*。	返回新字符串
string str1; str1. PadRight (int n,char c)	左对齐并以字符 c 填充字符串 str1，以使字符串 str1 最左侧的字符到该字符串的结尾为指定的总长度 *n*。	返回新字符串
string str1; str1.Remove(int n,int m)	从字符串 str1 中指定索引位置 *n* 移除 *m* 个字符	返回新字符串
string str1; str1.Replace(char c,char p)	用另一个指定的字符 p 来替换 str1 内的字符 c,也可以是字符串的替换	返回新字符串
string str1; char[] c; str1.Split(c)	用指定的分隔符 c 拆分字符串 str1	拆分后的子字符串
string str1; str1. StartsWith (string str2)	将 str1 与 str2 开始处的字符进行比较	包含相同部分则返回 true，否则返回 false。注意，字符串区分大小写。
string str1; str1.Substring(int n,int count)	在 str1 字符串中，从第 *n* 个字符开始提取 count 个字符。count 可以省略，若省略 count 则从第 *n* 个字符开始提取到最后。	提取的子字符串
string str1; char[] c = str1.toCharArray();	将字符串 str1 转换成字符数组 c	字符数组
string str1; str1.ToLower()	将字符串中的所有字符转换为小写	返回新字符串
string str1; str1. ToUpper ()	将字符串中的所有字符转换为大写	返回新字符串
string str1; str1.Trim()	删除字符串两端空白的字符	返回新字符串
string str1; char[] c; str1.TrimEnd(c)	从字符串 str1 的结尾处删除在字符数组 c 中指定的字符	返回新字符串
string str1; char[] c; str1.TrimStart (c)	从字符串 str1 的开头处删除在字符数组 c 中指定的字符	返回新字符串
string str1; str1.Length;	获取 str1 字符串的长度	整型值

字符串类还提供了 string.Format()静态方法，可以用来格式化字符串或按指定的规则连接字符串，其规则与 console.WriteLine()方法相似。例如：

```
string name = "王强";
string msg = string.Format("我叫{0}，很高兴认识大家", name);
```

字符串 msg 的值是“我叫王强，很高兴认识大家”。

（3）日期与时间类 DateTime　日期与时间类表示时间上的一刻，通常以日期和当天的时间表示。如表 2-13 所示。

表 2-13　日期与时间类方法

属性或方法名	说　明
Date	获取此实例的日期部分
Day	获取此实例所表示的日期为该月中的第几天
DayOfWeek	获取此实例所表示的日期是星期几
DayOfYear	获取此实例所表示的日期是该年中的第几天
Hour	获取此实例所表示日期的小时部分
Millisecond	获取此实例所表示日期的毫秒部分
Minute	获取此实例所表示日期的分钟部分
Month	获取此实例所表示日期的月份部分
Now	获取一个 DateTime，它是此计算机上的当前本地日期和时间
Second	获取此实例所表示日期的秒部分
Ticks	获取表示此实例的日期和时间的刻度数
TimeOfDay	获取此实例的当天的时间
Today	获取当前日期
Year	获取此实例所表示日期的年份部分
Compare()	比较两个日期的大小，若第一个日期晚于第二个日期则返回一个正数，反之返回一个负数，相等返回零

DateTime 类中两个非常有用的属性 DateTime.Now 和 DateTime.Today，表示当前时间和日期，下面是使用的例子：

```
DateTime dtNow = DateTime.Now;
int year = dtNow.Year;
int month = dtNow.Month;
int day = dtNow.Day;
int hour = dtNow.Hour;
int minute = dtNow.Minute;
int second = dtNow.Second;
int millsecond = dtNow.Millisecond;
```

习　题　2

一、选择题

1．下列属于值类型的是（　　）。

A．枚举　　B．接口　　C．委托　　D．数组

2．如果要将一个数字 88 转换为字符串，可以使用（　　）。

A．88.ToString( )　　B．Convert.ToString(88)

C．int.Parse(88)　　D．Double.Parse(88)

3．如下程序的执行结果是（　　）。

```
int a=6 ;
Console.write (-a++);
Console.write(-a--);
Console.write(-++a);
```

A．-6 -7 -7　　B．-7 -8 -8　　C．-6 -7 -8　　D．-7 -8 -9

4．关于逻辑表达式，以下说法错误的是（　　）。

A．表达式 a&&b&&c ，只有 a 为真时，才需判断 b 的值

B．表达式 a&&b&&c ，只有 a 为假时，才需判断 b 的值

C．表达式 a||b||c ，只有 a 为真时，就不需判断 b 和 c 的值

D．表达式 a||b||c ，只有 a 为假时，就必须判断 b 的值

5．下列运算符中（　　）中具有 3 个操作数。

A．>>=　　B．++　　C．?:　　D．&&

6．下列给出的变量名正确的是（　　）。

A．float void　　B．char static　　C．int .1　　D．char _using123_bat

7．如下程序的执行结果是（　　）。

```
int a=6;
int b=8;
int min=a<b ? a:b;
Console.Write（min）;
```

A．6　　B．8　　C．14　　D．-2

8．声明一个数组：int[,] arr =new int[3,5],请问在这个数组内包含有多少个元素（　　）。

A．3　　B．5　　C．8　　D．15

9．以下列语句创建了多少个 string 对象?（　　）。

```
string [,] strArray = new string[3,4];
```

A．0　　B．3　　C．4　　D．12

10．二维数组就像一个具有行和列的表格一样，如果将第 3 行第 2 列的元素赋值为 10，则表示为（　　）。

A．10=arr[2,1]　　B．arr[3,2]=10　　C．10= arr[3,2]　　D．arr[2,1]=10

二、编程题

1．从键盘输入 4 个数，求这四个数的平均数

2．编写一控制台应用程序，输入以摄氏度为单位的温度，输出以华氏度为单位的温度。摄氏温度和华式温度的转换公式是： $F=1.8\times C+32$

实训案例 2　结构体和数组的使用

一、实验目的

掌握常量和变量的使用，掌握 C#基本数据类型、结构类型、数组的定义与使用

二、实验内容

【实训 2-1】设有 3 个候选人分别为张、王和李，有 10 个人参加投票，从键盘先后输入这 10 个人所投的候选人的名字，要求最后输出这 3 个候选人的得票结果。请设计一个统计选票的程序。

新建一个控制台应用程序项目，命名为“Train2_1”。在生成的 Program 类中定义一个描述候选人的结构体类型，其成员变量包括姓名和得票数：

```
struct Candidate
        {
```

```
            public    string Name;
            public    int Count;
        }
```

在主函数中定义一个候选人结构体数组，包括3个元素，分别存放3个候选人的数据。然后定义一个字符串类型数组，代表投票人所选的人的姓名，输入投票人所选的候选人姓名。如果投票输入的姓名与某个候选人相同，就给该候选人记一票，这样就统计出每个候选人所得的票数。

代码如下：

```
class Program
    {
        struct Candidate    //描述候选人结构体类型
        {
            public    string Name;
            public    int Count;
        }
        static void Main(string[] args)
        {
            //创建具有3个候选人结构体数组
            Candidate[] cand = new Candidate[3];
            cand[0].Name = "张";
            cand[1].Name = "李";
            cand[2].Name = "王";
            string[] vote = new string[10]; //设定有10个投票人
            string votename;
            for (int i = 0; i < vote.Length; i++)
            {
                votename = Console.ReadLine();//读入投票人所填的选票
                for(int j=0;j<3;j++)
                {
                    if(votename==cand[j].Name) //投票人选票上的名字与候选人
                        cand[j].Count ++; //比对，如相同就给该候选人加一票
                }
            }
            foreach (Candidate person in cand)
            {
                Console.WriteLine("候选人 {0}，票数 {1}", person.Name,
person.Count);
            }
```

```
        }
    }
```

代码编写完成之后运行程序，输入投票人选票上结果，最后输出统计结果。程序运行结果见图 2-4 所示。

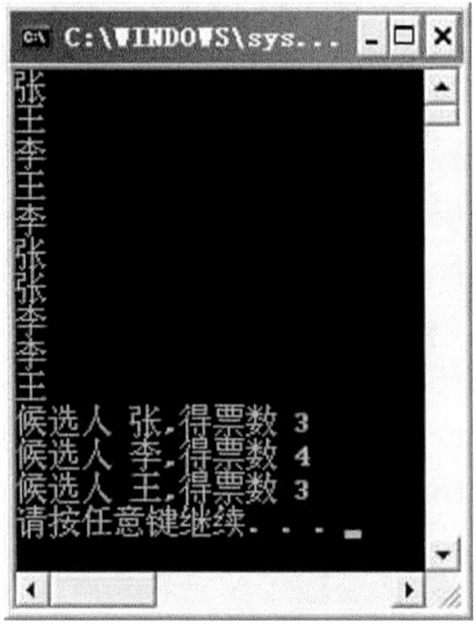

图 2-4　程序运行结果

【实训 2-2】建立 5 名学生的信息表,每个学生的数据包括姓名和三门课的成绩，求出每个学生的总分和平均分，并在屏幕上输出学生信息、总分。同学们参照【实训 2-1】阅读如下代码，并上机验证。

```
class Program
    {
        struct Student //
        {
            public   string name;
            public float math;
            public float chinese;
            public float english;
            public float sum;
        }
        static void Main(string[] args)
        {
            Student[] stu = new Student[5];//结构体数组，保存学生信息
            int i;
            for (i = 0; i < stu.Length; i++)
            {
                Console.Write("输入学生姓名");
```

```
                stu[i].name = Console.ReadLine();
                Console.WriteLine("输入数学成绩 ");
                stu[i].math = float.Parse(Console.ReadLine());
                Console.WriteLine("输入语文成绩");
                stu[i].chinese = float.Parse(Console.ReadLine());
                Console.WriteLine(" 输入英语成绩");
                stu[i].english = float.Parse(Console.ReadLine());
                stu[i].sum = stu[i].math + stu[i].chinese + stu[i].english;
            }
            Console.WriteLine("学生信息如下:");
            foreach (Student student in stu)
            {   //输出时姓名占 6 字符宽度，成绩占 3 字符宽度
                Console.WriteLine("姓名:{0,6}，数学成绩:{1,3}，语文成绩:{2,3},英语
成绩:{3,3}，总成绩:{4,3}", student.name, student.math, student.chinese, student.english,
student.sum);
            }
        }
    }
```

第3章　结构化程序设计

结构化程序设计方法，是使用比较广泛的程序设计方法。用这种方法编制的程序具有结构清晰，可读性强等特点，使得程序设计的效率和质量都能得以提高。

3.1　结构化程序设计的概念

程序设计的任务不仅是编写出一个能得到正确结果的程序，还应当考虑程序的质量及用什么方法能得到高质量的程序。为了提高程序的易读性，保证程序质量，降低软件成本，荷兰计算机科学家艾兹格·W·迪科斯彻等提出了“结构化程序设计方法”。

结构化程序设计是一种重要的软件开发方法，它采用“自顶向下，逐步求精”的“功能分解法”，其本质是一种“分而治之”的思想。具体来说，就是将要解决的实际问题进行分解，把一个大问题分成若干个子问题，每个子问题又可以被分解为更小的问题，直到得到的子问题可以用一个函数实现为止。结构化程序通常包含一个主过程和若干个子过程，其中每个子过程都描述了某一个小问题的解决方法，再由主过程自顶向下调用各子过程来逐步解决整个问题。整个执行过程是从主过程开始，在主过程结束。

结构化程序有三种基本结构：顺序结构、选择结构和循环结构。

3.2　顺 序 结 构

顺序结构的程序设计是最简单最容易理解的，这种结构是按照解决问题的先后顺序写出相应的执行语句，程序按照语句的编写顺序依次执行。

如下代码实现将两个变量的值进行交换。

```
int a=5,b=6;
a = a+b;
b = a-b;
a = a-b;
```

上述代码中，程序运行时根据语句的先后顺序进行，并且语句顺序不能颠倒。

3.3　选 择 结 构

用顺序结构能编写一些简单的程序，进行简单的计算，但是，人们对计算机的要求并不是仅限于一些简单的运算，经常遇到要求计算机进行逻辑判断，即给出一个条件，让计算机判断是否满足条件，并按不同的结果让计算机进行不同的处理，得到不同的处理结果，这就是选择结构。

3.3.1　if 语句

if 语句在使用时有几种典型的形式，分别是：if 语句、if-else 语句和 if…else if 语句

（1）单 if 语句　if 语句是基于布尔表达式的值来选择执行的语句，其基本语法格式如下：

```
if (条件表达式)
{
语句;
}
```

其中，“条件表达式”是一个关系表达式或逻辑表达式，当“条件表达式”为 true 时，执行后面的“语句”。

（2）if…else 语句　在编写程序时，if…else 语句比 if 语句更常用，if…else 语法形式如下：

```
if (条件表达式)
{
语句块 1;
}
else
{
语句块 2;
}
```

其中的“条件表达式”是一个关系表达式或逻辑表达式。当“条件表达式”为 true 时执行 if 语句所控制的“语句块 1”；当“条件表达式”为 false 时，则执行 else 语句所控制的“语句块 2”。

（3）if…else if 语句　if…else if 语句是 if 语句 if…else 语句的组合，用于进行多重判断，其语法形式如下：

```
if(条件表达式 1)
语句块 1;
else if (条件表达式 2)
语句块 2;
else if (条件表达式 n)
语句块 n;
else   语句块 n+1;
```

当条件表达式 1 为 true 时，执行语句块 1，然后跳过整个结构执行下一条语句；条件表达式 1 为 false 时，将跳过语句块 1 去判断条件表达式 2，条件表达式 2 为 true 时，执行语句块 2，然后跳过整个结构执行下一条语句；条件表达式 2 为 false 时，将跳过语句块 2 去判断条件表达式 3，依次类推，当条件表达式 1、条件表达式 2、…条件表达式 *n* 全为假时，将执行语句块 *n*+1，再转而执行下一条语句。

【例 3-1】编写一个程序，首先用户输入一个成绩，然后将该成绩转换成相应的等级。

```
using System;
namespace Ex3_1
{     class Program
      {     static void Main(string[] args)
            {     float x;
                  Console.Write("分数:");
                  x=float.Parse(Console.ReadLine());
                  if (x>=90) Console.WriteLine("等级为 A");
                  else if (x >= 80) Console.WriteLine("等级为 B");
                  else if (x >= 70) Console.WriteLine("等级为 C");
                  else if (x >= 60) Console.WriteLine("等级为 D");
                  else Console.WriteLine("等级为 E");
```

```
            }
        }
}
```

程序运行结果见图 3-1 所示。

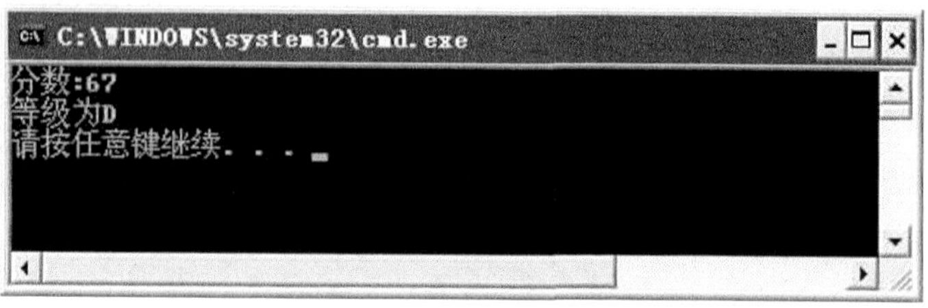

图 3-1 程序运行结果

3.3.2 switch 语句

当判断的条件相当多时，使用 if...else if 语句会让程序变得难以阅读，而使用分支语句 switch 语句。switch 语句用于有多重选择的场合，测试某一个变量具有多个值时所执行的动作。switch 语句的语法形式为：

```
switch (表达式)
{
case 常量表达式 1: 语句 1; break ;
    case 常量表达式 2: 语句 2; break ;
    …
    case 常量表达式 n: 语句 n; break ;
    default:语句 n+1; break ;
}
```

说明：

① 首先计算 switch 后面的表达式的值，表达式的值应为整形、字符型、字符串类型。

② 如果表达式的值等于“case 常量表达式 1”中常量表达式的值，则执行语句 1，然后通过 break 语句退出 switch 结构，执行位于整个 switch 结构后面的语句；如果表达式的值不等于“case 常量表达式 1”中常量表达式 1 的值，就判断表达式的值是否等于常量表达式 2 的值，依次类推，直到最后一个语句。

③ 如果 switch 后的表达式与任何一个 case 后的常量表达式的值都不相等，若有 default 语句，则执行 default 后的语句分支语句；若无 default 语句则退出 switch 结构，执行位于整个 switch 结构下面的语句。

【例 3-2】编写一个程序，要求输入课程后显示相应的学分：数学（代号为 m，8 学分）、物理（代号为 p，5 学分）、化学（代号为 c，5 学分）、语文（代号为 w，8 学分）、英语（代号为 e，6 学分）。

```
using System;
namespace Ex3_2
{    class Program
     {     static void Main(string[] args)
```

```
        {
            char ch;
            Console.Write("课程代号:");
            ch=(char)Console.Read();
            switch (ch)
            {
                case 'm':
                case 'M':
                case 'w':
                case 'W':
                    Console.WriteLine("8 学分");
                    break;
                case 'p':
                case 'P':
                case 'c':
                case 'C':
                    Console.WriteLine("5 学分");
                    break;
                case 'e':
                case 'E':
                    Console.WriteLine("6 学分");
                    break;
                default:
                    Console.WriteLine("输入的课程代号不正确");
                    break;
            }
        }
    }
}
```

代码编写完成之后按【Ctrl+F5】运行程序，运行结果见图 3-2 所示。

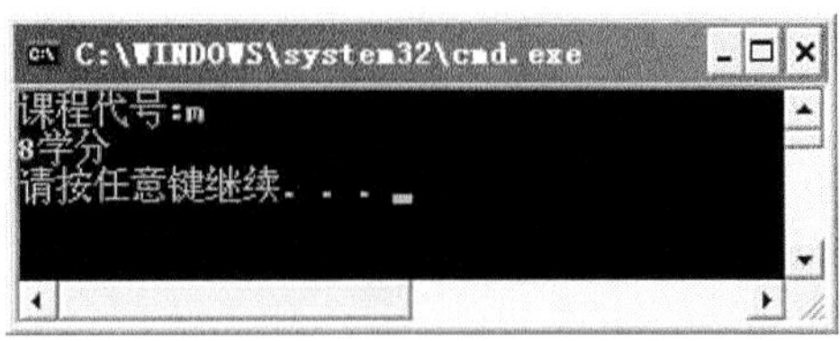

图 3-2　程序运行结果

3.4　循环结构

程序设计中的循环结构是指在程序设计中，从某处开始有规律地反复执行某一操作块，并称重复执行的操作块为它的循环体。C#提供四种循环语句：while 语句、do while 语句、for

语句和 foreach 语句。

3.4.1 while 语句和 do…while 语句

While 语句和 do…while 语句在循环次数不固定时，相当有用。

（1）while 语句　while 语句的语法形式为：

```
while(条件表达式)
{
循环体;
}
```

while 语句在执行时，首先判断条件表达式的值，如果 while 后的条件表达式的值为 true，则执行循环体，然后再回到 while 语句的开始处，再判断 while 后的条件表达式的值是否为 true，只要表达式一直为 true，那么就重复执行循环体，一直到 while 后的条件表达式的值为 false 时，才退出循环，并执行下一条语句。

【例 3-3】while 循环语句的使用，使用 while 语句,计算 1+2+3……+100 的值。

```
public static void Main()
{
        int sum=0,i=1;
        while (i<=100)
        {
            sum+=i++; //循环变量是 i,i++是用于改变循环变量的
        }
        Console.WriteLine("sum={0}",sum);
}
```

（2）do…while 语句　do…while 语句与 while 语句相似，但和 while 语句不同的是，do…while 语句的判断条件在后面，而 while 语句的判断条件在前面。也就是说，do…while 循环不论条件表达式的值是什么，do…while 循环都要至少要执行一次，do…while 的语法形式：

```
do
{
循环体;
}
while(条件表达式);
```

注意：当循环执行到 do 语句后，接下来就执行循环体语句；执行完循环体语句后，在对 while 语句括号中的条件表达式进行测试。若表达式的值为 true，则转向 do 语句继续执行循环体语句；若表达式的值为 false，则退出循环，执行程序的下一条语句。

【例 3-4】使用 do…while 语句计算 5!。

```
public static void Main()
{
    int sum=1,i=1;
    do
    {
        sum*=i++; //循环变量是 i,i++是用于改变循环变量的
```

```
    }while (i<=5);
    Console.WriteLine("sum={0}",sum);
}
```

3.4.2 for 语句和 foreach 语句

for 语句和 foreach 语句都是有固定循环次数的循环语句

（1）for 语句　for 语句比 while 语句和 do…while 语句都灵活，是一种功能更强大、更常用的循环语句。它的语法格式为：

```
for(表达式 1;表达式 2；表达式 3)
{
循环体;
}
```

for 语句的执行过程为：

① 首先计算表达式 1 的值；

② 判断表达式 2 的值是 true 还是 false，若表达式 2 的值为 false，则转而执行步骤④；若表达式 2 的值为 true，则执行循环体中的语句，然后求表达式 3 的值。

③ 转向步骤②

④ 结束循环，执行程序的下一条语句。

【例 3-5】使用 for 语句计算 1!+2!+3!+……+10！的和

```
public static void Main()
{
    int i,k,m=1,sum=0;
    for (i=1;i<=10;i++)
    {
        for(k=1;k<=i;k++)
            m=m*k;
        sum=sum+m;
        m=1;
    }
    Console.WriteLine("1!+2!+3!+……+10!={0}",sum);
}
```

该程序是一个包含嵌套循环的二重循环，内层 for 循环用于计算某个数的阶乘；外层循环用于将 1~10 的每个数的阶乘累加起来。

（2）foreach 语句　foreach 语句是 C#中新增的循环语句，它对于处理数组及集合等数据类型特别简便。foreach 语句用于列举集合中的每一个元素，并且通过执行循环体对每一个元素进行操作。foreach 语句只能对集合中的元素进行循环操作。foreach 语句的语法格式为：

```
foreach(数据类型 标识符 in 表达式)
{
    循环体：
}
```

注意：foreach 语句中的循环变量是由数据类型和标识符声明的，循环变量在整个 foreach

语句范围内有效。在 foreach 语句执行过程中，循环变量就代表当前循环所执行的集合中的元素。每执行一次循环，循环变量就依次将集合中的一个元素带入其中，直到把集合中的元素处理完毕，跳出 foreach 循环，转而执行程序的下一条语句

【例 3-6】按照元素的顺序打印出一维数组中的各个值。

```
static void Main()
{
    int[] x={1,2,3,4,5,6,7,8};
    foreach(int  i  in  x)
        Console.WriteLine(i);
}
```

3.4.3 break 语句

break 语句使程序从当前的循环语句（do、while 和 for）内跳转出来，接着执行循环语句后面的语句。

【例 3-7】编写一个程序，判断从键盘输入的大于 3 的正整数是否为素数。

```
static void Main(string[] args)
{
    int n, i;
    bool prime = true;
    Console.Write("输入一个大于 3 的正整数:");
    n = int.Parse(Console.ReadLine());
    for (i = 2; i <= Math.Sqrt(n); i++)
        if (n % i == 0)
        {
            prime = false;
            break;
        }
    if (prime)
Console.WriteLine("{0}是素数", n);
    else Console.WriteLine("{0}不是素数", n);
}
```

3.4.4 continue 语句

continue 语句也用于循环语句，它类似于 break，但它不是结束循环，而是结束循环语句的当前一次循环，接着执行下一次循环。

在 while 和 do…while 循环结构中，执行控制权转至对“条件表达式”的判断，在 for 结构中，转去执行“表达式 2”。

【例 3-8】编写一个程序，对用户输入的所有正数求和，如果输入的是负数，则忽略该数。程序每读入一个数，判断它的正负，如果为负，则利用 continue 语句结束当前一次循环，继续下一次循环，否则将该数加到总数上去。

```
static void Main(string[] args)
 {
int sum = 0, n = 1;
        Console.WriteLine("输入一组整数(以 0 表示结束):");
        while (n != 0)             //循环
        {
            n = int.Parse(Console.ReadLine());
            if (n < 0)
              continue;         //开始下一次循环
            sum += n;
        }
        Console.WriteLine("所有正数之和={0}", sum);
 }
```

3.4.5　goto 语句

goto 语句也可以跳出循环和 switch 语句。goto 语句用于无条件转移程序的执行控制，它总是与一个标号相匹配，其形式为：

```
goto　标号;
```

“标号”是一个用户自定义的标识符，它可以处于 goto 语句的前面，也可以处于其后面，但是标号必须与 goto 语句处于同一个函数中。定义标号时，由一个标识符后面跟一冒号组成。

3.5　典型算法分析

利用数组对存储在其中的数据进行排序是非常重要的应用之一。数组排序可以按从小到大或从大到小的规则进行。下面介绍几种典型排序算法。

3.5.1　冒泡排序

冒泡排序法是一种简单而又经典的排序方法。其基本思想是：将待排序序列中的数据存储在数组中，从第 1 个元素开始，依次比较数组中相邻两个数据的值，如果相邻两个值是按升序排序，就保持原有位置不变；如果不是按升序排序，则交换它们的位置，这样经过第 1 轮比较后，值最大的数据就会交换到数组底部，其位置也就确定了。然后对剩下的元素继续进行比较。经过第 2 轮比较处理，就会使数值次大的元素交换到数组倒数第 2 个元素的位置上。依次这样比较，就会使待排序序列中较大的元素像气泡一样冒出来，逐渐“上浮”到数组的末尾，使较小的元素逐渐“下沉”到数组的头部，这就是冒泡排序法。

【例 3-9】根据数组中元素数值大小进行升序排序，然后输出数组中各元素的值。

```
static void Main(string[] args)
{
    float[] array = new float[8]{ 21,14,54,23,68,2,18,28};
    int i;  // 数组下标变量
    float temp;// 临时变量
    Console.WriteLine("排序前");
    for (i = 0; i < array.Length; i++)
```

```
        {
            Console.Write(array[i]+ ",");
        }
        for (i = 0; i < array.Length-1; i++)
        {  //对于 n 个元素，共需要 n-1 趟排序
            for (int j = 0; j < array.Length-i-1; j++)
            {    //在一轮排序中，如果相邻元素逆序排列，则交换
                if (array[j] > array[j+1])
                {
                    temp = array[j];
                    array[j] = array[j+1];
                    array[j+1] = temp;
                }
            }
        }
        Console.WriteLine("\n 排序后");
        for(i =0;i<array.Length;i++)
            Console.Write(array[i]+ ",");//一趟循环之后
    }
```

程序运行结果见图 3-3 所示。

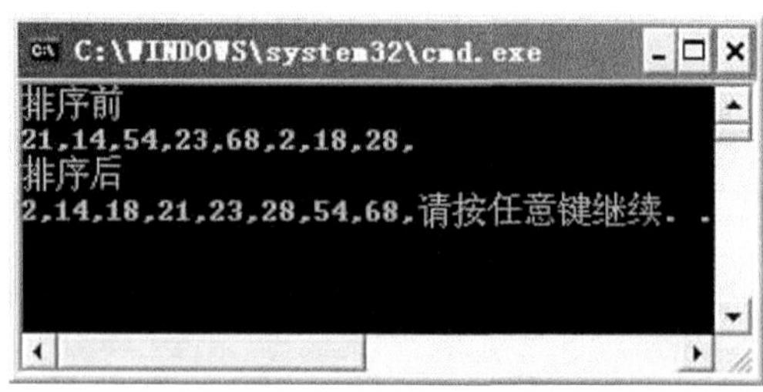

图 3-3 程序运行结果

3.5.2 插入排序

插入排序的基本思想是：每次将一个待排序的记录，按其关键字大小插入到前面已经排好序的子序列的适当位置，直到全部记录插入完为止。

排序过程：假设待排序的记录存放在数组 R[0...*n*-1]中，初始时，R[0]为有序，无序区为 R[1...*n*-1]。

从 *i*=1 起到 *i*=*n*-1 为止，依次将 R[*i*]插入当前的有序区 R[0...*i*-1]中适当位置，将待插入位置以及以后的元素向后推移一个位置，使有序区仍然有序。这样经过 *n*-1 次排序，使整个序列有序。

【例 3-10】直接插入排序。

```
static void Main(string[] args)
 {
```

```
        int i,j;
        int[] array = new int[] { 1,13,24,14,65,34,78,3,98,71};
        Console.WriteLine("排序前的数据是");
        for (i = 0; i < array.Length; i++)
          Console.Write("{0}    ", array[i]);
        for (i = 1; i < array.Length; i++)
         {  //假定array[0]是有序的，从array[1]开始排序，
              int t = array[i];
              j = i;
              while ((j>0)&&(array[j-1]>t))
              {  //在已有序的子序列中查找当前元素放置的适当位置
                  array[j] = array[j - 1];//将插入点及以后元素后移
                  j--;
               }
               array[j] = t;//把当前元素插入到有序序列中
          }
          Console.WriteLine("排序后的数据是");
          for (i = 0; i < array.Length; i++)
              Console.Write("{0}    ", array[i]);
    }
```

3.5.3　选择排序

选择排序是从待排序的数据元素中选出最小（或最大）的一个元素，放在已排好序的数列的最后，直到全部待排序的数据元素排完。*n* 个记录的选择排序可经过 *n*−1 轮选择排序得到有序结果。

排序过程：初始状态时无序区为 R[0..*n*−1]，有序区为空。

第 1 轮排序：在无序区 R[0..*n*−1]中选出关键字最小的记录 R[*k*]，将它与无序区的第 0 个记录 R[0]交换，使 R[0]为有序，无序区元素为 R[1..*n*-1]，无序区减少一个。

第 2 轮排序：在无序区 R[1..*n*−1]中选择关键字最小记录 R[*k*]，将它与无序区第 1 个记录 R[1]交换，有序区增加一个，变为 R[0−1]，无序区记录减少一个，变为 R[2..*n*-1]。

第 *i* 轮排序：该轮排序从当前无序区中选出关键字最小的记录 R[*k*]，将它与无序区的第 1 个记录 R 交换。

这样，*n* 个记录的序列经过 *n*-1 轮选择排序得到有序结果。

【例 3-11】选择排序。

```
static void Main(string[] args)
  {
    int i, j;
    int min;
    int[] array = new int[] { 1, 13, 24, 14, 65, 34, 78, 3, 98, 71 };
    Console.WriteLine("排序前的数据是");
    for (i = 0; i < array.Length; i++)
```

```
        Console.Write("{0}    ", array[i]);
    for (i = 0; i < array.Length - 1; i++)
    {
        min = i;
        for (j = i + 1; j < array.Length; j++)
        {
            if (array[j] < array[min])
                min = j;
        }
        int t = array[min];
        array[min] = array[i];
        array[i] = t;
    }
    Console.WriteLine();
    Console.WriteLine("排序后的数据是");
    for (i = 0; i < array.Length; i++)
        Console.Write("{0}    ", array[i]);
}
```

3.5.4 迭代算法

迭代是程序设计中常用的算法。迭代是多次利用同一公式进行计算，每次将计算结果再代入到公式进行计算。下面通过一个例子来介绍这种算法。

用迭代法求某数 a 的平方根的迭代公式为：$x_{n+1} = (x_n + a / x_n) / 2$。

算法如下：

（1）设定一个 x 的初值 x_0(在如下程序中取 $x_0=a/2$)。

（2）用上述迭代公式求出 x 的下一个值 x_1。

（3）比较 x_1 和 x_0，如果满足$|x_1-x_0|<10^{-5}$，则 x_1 即为所求，否则将 x_1 作为 x_0 代入迭代公式继续计算，直到前后两次求出的 x 值(x_{n+1} 和 x_n)满足以下关系:$|x_{n+1}-x_n|<10^{-5}$。

【例 3-12】求平方根。

```
static void Main(string[] args)
{
    Console.WriteLine("迭代法求 2.0 的平方根：{0}", GetSqrt(2.0));
    Console.WriteLine("用.NET 类库中的 Sqrt 方法求 2.0 的平方根：{0}",Math .Sqrt (2.0));
}
private static double GetSqrt(double a)
{
    double  x0, x1;
    x0 = a / 2;
    x1 = (x0 + 2 / x0) / 2;
    while (Math.Abs(x1 - x0) >= 1e-5) //1e-5 是用科学计数法表示的数值 10^-5
    {
```

```
            x0 = x1;
            x1 = (x0 + a / x0) / 2;
        }
        return x1;
    }
```

3.5.5 递归算法

递归是设计和描述算法的一种有力的工具，由于它在复杂算法的描述中被经常采用。递归就是函数在运行过程中直接或间接调用了自身。

能采用递归描述的算法通常有这样的特征：为求解规模为 N 的问题，设法将它分解成规模较小的问题，然后从这些小问题的解方便地构造出大问题的解，并且这些规模较小的问题也能采用同样的分解和综合方法，分解成规模更小的问题，并从这些更小问题的解构造出规模较大问题的解。特别地，当规模 N=1 时，能直接得解。

需要注意的是，在使用递归策略时，必须有一个明确的递归结束条件，称为递归出口。

在执行递归操作时，C#语言把递归过程中的信息保存在堆栈中，如果无限循环的递归或者递归执行次数过多，则产生“堆栈溢出”错误。

【例 3-13】计算 n!的值。

$$n! = \begin{cases} 1 & \text{当} n = 0 \text{时} \\ n \times (n-1)! & \text{当} n \neq 0 \text{时} \end{cases}$$

```
class Program
{
static void Main(string[] args)
{
        int n;
        Console.WriteLine("输入 n");
        n = Convert .ToInt32 (Console.ReadLine());
        Console.WriteLine("{0}！ 是",n);
        Console.WriteLine(Process2(n));
}
public static int Process2(int i)
{
        if (i ==0) return 1;
        return Process2(i - 1) * i;
}
}
```

3.6 程序调试

在编写程序过程中，查找和排除错误或故障的过程称为调试。常见的错误信息有以下三种。

语法错误：如常见的语法错误、缺少括号等。这类错误在编译时确定，并且也容易更正。

逻辑错误：一般是由于错误的算法引起的，如结果不对、公式不对等，这类错误在执行过程时出现。

运行时错误：在运行是出现，如内存泄漏、除数为零异常等。

如果出现逻辑错误或运行时错误，需要在程序中添加断点，然后启动调试，在 Visual Studio 2008 提供的调试工具进行分析，找出错误。

（1）设置断点　添加断点的方法是在认为有问题的代码行的左侧单击，会出现红色的红点即断点，代码行也变为红色，见图 3-4 所示。

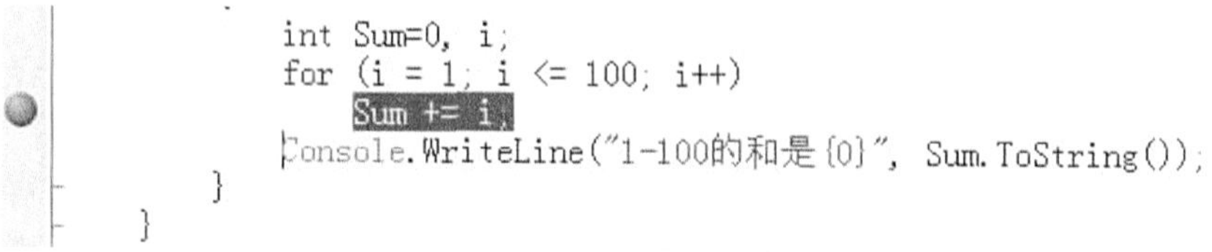

```
            int Sum=0, i;
            for (i = 1; i <= 100; i++)
                Sum += i;
            Console.WriteLine("1-100的和是{0}", Sum.ToString());
        }
    }
```

图 3-4　设置断点

添加断点后按【F5】或在菜单中选择【调试】【启动调试】进入调试状态。

（2）调试工具　进行调试状态后，程序运行到断点位置会停下来，这时可以根据 Visual Studio 2008 提供的各种调试工具来观察程序的运行状态。Visual Studio 2008 提供的调试工具有“局部变量窗口”、“监视窗口”、“快速监视”对话框、“即时”窗口等。

①“局部变量”窗口　显示当前作用域下的变量并跟踪他们的值，程序一旦转移到其他方法，则系统会自动清除列出的变量，显示当前方法的变量。如图 3-5 所示。

②“监视”窗口　用计算变量和表达式的值，并跟踪它们的变化，系统允许打开多个监视窗口。如图 3-6 所示监视窗口。

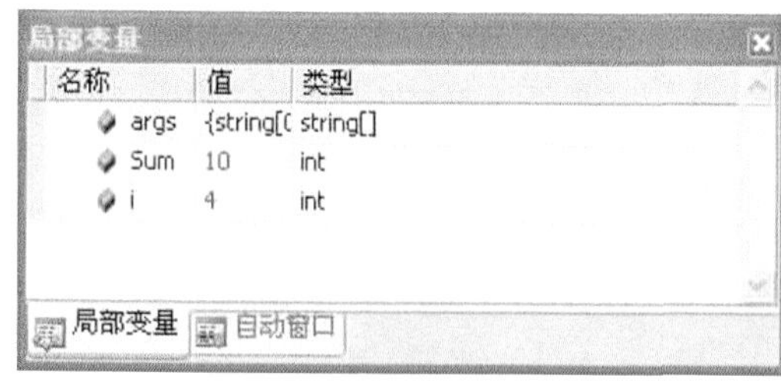

图 3-5　局部变量窗口

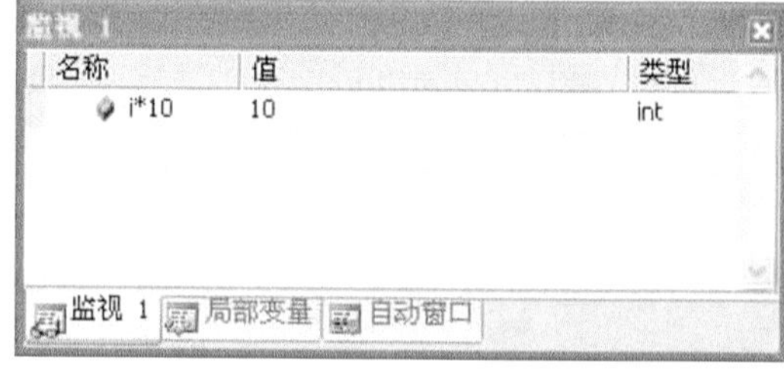

图 3-6　监视窗口

③“即时窗口”　用于检查变量的值，给变量赋值以及运行一行代码。在窗口中输入变量名或表达式，即显示当前变量的值，见图 3-7 所示。

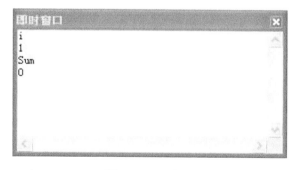

图 3-7　即时窗口

在调试状态下，程序是停止运行的，如果需要程序继续运行，可以有以下几种方法。

- 按【F10】单步运行。
- 按【F11】单步运行，但遇到函数调用就会跳转到被调用的函数里。
- 按【Shift+F11】，直接执行当前函数里剩下的指令，返回上一级函数。

习 题 3

一、选择题

1．如果在条件求值前循环体至少要执行一次，应使用以下中哪个（　）。

A. for　　B. while　　C. do…while　　D. switch...case

2．设有程序段

```
int i=10;
while ( i==0)
i=i-1;
```

以下描述正确的是（　）。

A．while 循环执行 10 次　　B．循环是无限循环

C．循环语句一次也不执行　　D．循环语句执行一次

3．以下程序段的执行结果（　）。

```
int i=0;
while（i++<2);
console.write(i);
```

A．2　　B．3　　C．4　　D．有语法错误

4．以下循环语句的执行次数是（　）

```
for（i=2;i==0;)
cosole.write(i--);
```

A．无限次　　B．0 次　　C．1 次　　D．2 次

5．执行语句后

```
int   i;
for (i = 1; i++ < 4; ) ;
console.Write(i);
```

i 的值变为（　）

A．3　　B．4　　C．5　　D．不定

6．以下描述正确的是（　）

A．continue 语句的功能是结束整个循环

B．只能在循环体内和 switch 语句内使用 break 语句

C．在循环体内使用 continue 语句或 break 语句功能相同。

D．从多层循环嵌套中退出时只能使用 goto

二、填空题

1．用 while 语句进行表达式判断，一直到表达式返回______值，才跳出程序块。

2．do…while 语句是先______后_______。

3．要使以下程序输出 10 个整数，请填入一个整数。

```
for（i=1; i<=(     ) ;i+=2)
{
console.write(i);
}
```

4．下列程序执行后 sum 的值是_______。

```
int   sum=1;
for(i=1;i<6 i++)
sum += i;
```

5．下面程序的功能是输出 100 以内能被 3 整除且个位数为 6 的所有整数，请填空。

```
using System;
using System.Text;
namespace ConsoleApplication1
{
    class Program
    {
        static void Main(string[] args)
        {
            int i,j;
            for(i=0;_______;i++)
            {
                j = 10*i+6;
                if(_________)
                    continue;
                Console.WriteLine("{0}",j);
            }
        }
    }
}
```

三、编程

1．输出 1~100 中不能被 7 整除的数。

2．设计一个程序，输入一个四位整数，将各位数学分开，并按其反序输出。例如，输入 2345，输入 5432。

3．编写程序，定义二维数组，找出数组中的最大元素的下标值。

4．设计一个程序，求一个 4×4 矩阵两对角线元素之和。

实训案例 3　C#基础知识运用

一、实训目的

掌握分支结构语句的语法书写格式，掌握循环结构语句的语法书写格式，综合利用各种结构语句完成特定的任务

二、实训内容

【实训 3-1】编写 1 到 9 的乘法口诀表程序

建立一个控制台应用程序项目，命名为“Train3_1”。添加代码到“Program.cs”中。

```
using System;
using System.Text;
namespace Train3_1
{
 class Program
 {
  static void Main(string[] args)
  {
    for (int i = 1; i < 10; i++)
    {
      for (int j = 1; j <= i; j++)
      {
        Console.Write(Console.Write("{0}*{1}={2} ",j,i,j*i));//输出一行
      }
     Console.Write("\n");//换行
    }
  }
 }
}
```

程序运行结果见图 3-8 所示。

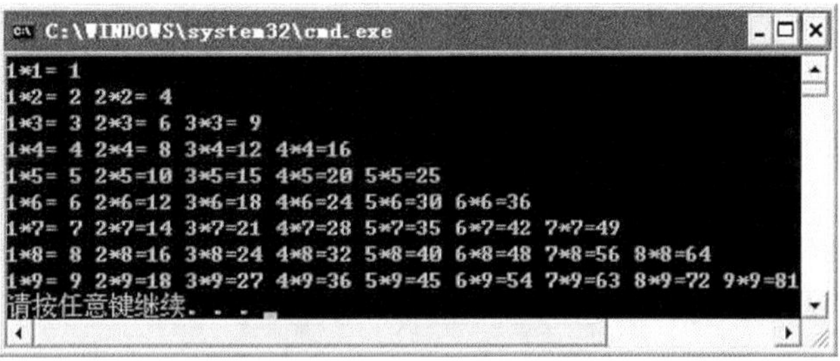

图 3-8　程序运行结果

【实训 3-2】请编制程序：根据用户输入的数值，输出指定行数的菱形图案。程序运行结果参见图 3-9。

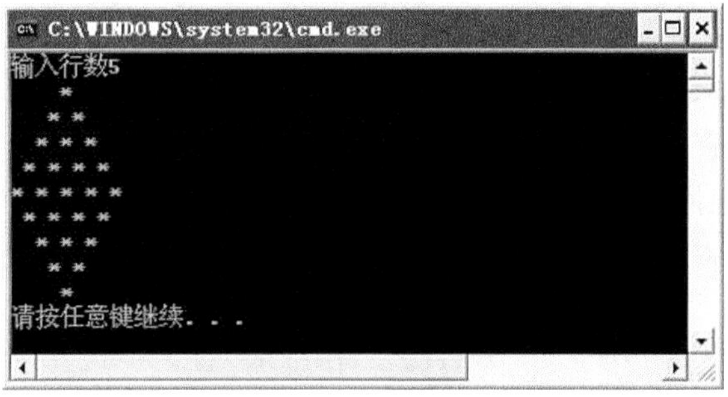

图 3-9　输出图形

程序代码如下。

```
using System;
using System.Text;
namespace Train3_2
class Program
    {
        static void Main(string[] args)
        {
            int line, i, j, k;
            Console.WriteLine("输入行数:");
            line = Convert.ToInt16(Console.ReadLine());
            for (i = 0; i < line; i++)   //外层循环控制图形上部的行数
            {
                for (j = 0; j < line - i-1; j++) //控制输出空格
                    Console.Write(" ");
                for (k = 0; k <= i; k++)
                    Console.Write("* ");   //控制输出“* ”
                Console.WriteLine();         //输出一行后换行
            }
            for (i = line - 1; i > 0; i--)//外层循环控制图形下部的行数
            {
                for (j = 0; j < line- i; j++)//控制输出空格
                    Console.Write(" ");
                for (j = 0; j < i; j++)//控制输出“* ”
                    Console.Write("* ");
                Console.WriteLine();//输出一行后换行
            }
        }
    }
```

上述代码中，把输出的图形分为上、下两部分。上面的循环输出一个正三角形，由嵌套的两层循环组成。外层循环控制输出的行数，内层有两个循环结构，一个循环控制输出空格，另一个控制输出“*”。注意，内层循环变量的终值与外层循环的取值有关，请同学们仔细研究。

【实训 3-3】猜数游戏

游戏规则：每次游戏开始前系统会产生一个 1~100 之间的随机整数，任务就是根据给提供的数值范围不断试探，力图用最少的试探次数猜出正确的答案。

新建一个控制台应用程序项目，命名为“Train3_3”，参照如下代码。

```
using System;
using System.Text;
namespace Train3_3
{
class Program
```

```
    {
      static void Main(string[] args)
      {
         int guess;          // 待猜数
         int min;            // 范围最小值
         int max;            // 范围最大值
         int input=0;        // 保存玩家输入值
         Random r = new Random(); // 随机对象，用于产生随机数
         guess = r.Next(1, 100);      // 产生1～100之间的随机整数
         // 绘制游戏主界面
Console.WriteLine("*********************************************************");
Console.WriteLine("*                                                       *");
Console.WriteLine("*                 趣 味 猜 数 字 游 戏                  *");
Console.WriteLine("*                                                       *");
Console.WriteLine("*                                                       *");
Console.WriteLine("*                                                       *");
Console.WriteLine("*********************************************************");
Console.WriteLine();
         min = 1;                   // 初始范围最小值为1
         max = 100;                 // 初始范围最大值为100
         // 游戏开始
         Console.WriteLine("待猜数已经生成，范围是：1至100\n");
         Console.Write("现在输入您认为正确的值：");
         while (guess != input)//进入while循环，当条件满足时退出！
         {
            Console.Write("现在输入您认为正确的值：");
            //通过try……catch捕获输入值是否非法！
            try
            {
               input = Convert.ToInt32(Console.ReadLine());
               Console.WriteLine();
             }
             catch (Exception ex)
             {
               Console.WriteLine(ex.Message);//打印输出错误描述
             }
             if (input < min || input > max)//若输入值超出待猜范围
             {
               Console.WriteLine("错误！请输入范围内的值：{0}…至…{1}",min,max);
             }
             else if (input > guess)
```

```
            //输入值若大于待猜值，则将最大值更新为输入值，缩小待猜范围。
            {
                max = input;
                Console.WriteLine("错误！待猜值范围变更为：{0}…至…{1}", min, max);
            }
            else if (input < guess)
            //输入值若小于待猜值，则将最小值更新为输入值，缩小待猜范围。
            {
                min = input;
                Console.WriteLine("错误！待猜值范围变更为：{0}…至…{1}", min, max);
            }
        }
        Console.WriteLine("恭喜，数字{0}正确！",guess);
        Console.ReadKey();
    }
  }
}
```

游戏运行时，首先生成一个随机数，

```
Random r = new Random();
guess = r.Next(1, 100);
```

然后输出一个游戏界面，提示用户输入一个数值。程序根据用户输入的值进行判断，如果没有猜中，则缩小数值范围，同时给用户提示。游戏运行如图 3-10 所示。

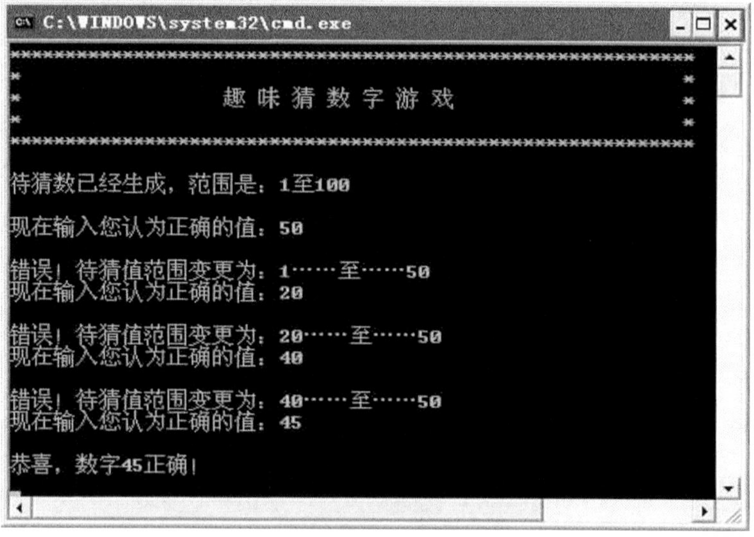

图 3-10　游戏运行结果

第 4 章　面向对象编程基础

前面章节学习的内容属于结构化程序设计。结构化应用程序设计有许多优点，但是结构化应用也有重用性差、不易维护等缺点。在开发大规模系统时，采用面向对象技术开发可以达到较高的开发效率与较低的维护成本，同时降低了软件开发的难度，系统的可扩展性也更好。实践证明，当需要大规模地复用代码以提高软件开发效率时，面向对象程序设计技术比结构化程序设计技术更有效。

从本章开始进入 C#面向对象编程的学习。C#是一门面向对象的语言，面向对象是 C#最基本的特征。深入了解 C#后，对进入面向对象程序开发具有很大的帮助，对学习其他面向对象的语言具有事半功倍的作用。

4.1　面向对象的基本概念

面向对象技术最早出现在 20 世纪 60 年代，在 20 世纪 90 年代发展成熟，并成为当今主流编程方法。

面向对象程序设计中以现实世界中的事物为中心来思考问题，把需要处理的事物看做对象。对象是面向对象设计的核心，对象具有属性和行为。所谓“对象”就是一个或一组数据以及处理这些数据的方法和过程的集合。类是具有相同属性特征和行为规则的多个对象的统一描述，而对象是类的实例。面向对象强调类的“封装”、“继承”、“多态”等思想，同时强调定义类之间的层次关系，以及这些关系的实质。面向对象的程序设计，更直观地模拟人的认知思维，大大降低了软件开发的难度，使程序更易于理解和设计。

面向对象程序设计具有以下几个基本特征。

（1）封装　将数据结构与算法隐藏在类的内部，外界使用者无需知道具体技术实现细节即可使用。封装这一特性不仅大大提高了代码的易用性，而且还使得类的开发者可以方便地更换新的算法，这种变化不会影响使用类的外部代码。通俗地说，封装就是隐藏外界不必知道的东西，只向外界展示调用所必需的东西。

（2）继承　指特殊类的对象拥有其一般类的属性和行为。继承意味着“自动地拥有”，即特殊类中不必重新定义已在一般类中定义过的属性和行为，而它却自动地、隐含地拥有其一般类的属性与行为。继承允许和鼓励类的重用，提供了一种明确表述共性的方法。一个特殊类既有自己新定义的属性和行为，又有继承下来的属性和行为。在软件开发过程中，继承性实现了软件模块的可重用性、独立性，缩短了开发周期，提高了软件开发的效率，同时使软件易于维护和修改。

（3）多态　面向对象程序设计中的另外一个重要概念是多态性。同一操作作用于不同的对象，可以有不同的解释，产生不同的执行结果，这就是多态性。多态性允许客户对一个对象进行操作，由对象来完成一系列的动作，具体实现哪个动作、如何实现由系统负责解释。多态性通过派生类重载基类中的虚函数型方法来实现。

4.2　类 与 对 象

在 C#中，几乎所有的程序代码都放在类中，不存在独立于类之外的函数。因此，类是面向对象程序设计的基本单元。

类是对一系列具有相同性质的对象的抽象，是对对象共同特征的描述。比如水果就是一个类，它是对苹果、梨等所有具体水果的抽象描述，而这个类中所包含的具体的苹果、梨等个体就是对象。不同的类具有不同的特征，比如人类、水果类和电脑类分别是不同的类。

从编程角度来说，类就是一种数据结构，它定义数据和操作这些数据的行为。类的主要成员包括描述状态的数据成员和描述操作的函数成员。

4.2.1 类的定义

语法格式：

```
[类的访问修饰符] class 类名[:基类名]
  {
       //类的成员
  }
```

说明：

① 类名要符合标识符命名规则，通常类名的首字母要大写；

② 如果没有修饰符，类声明为内部的（internal 型），即类只能被当前项目中的代码访问。常见的类修饰符见表 4-1 所示。

表 4-1 常见的类修饰符

修饰符	说明
public	除当前项目中的代码可以访问外，其他项目中的代码也可以访问该类
internal	本程序集内的成员可以访问
partial	部分类，可以将一个类分成几部分写在不同文件中，最终编译时将合并成一个文件
abstract	修饰类的时候表示该类为抽象类，不能够创建该类的实例，只能继承。修饰方法的时候表示该方法需要由派生类来实现。如果派生类没有实现该方法，那么派生类也必须是抽象类；且含有抽象方法的类一定是抽象类
sealed	修饰类时表示该类不能够被继承，修饰方法时表示该方法不能被覆写
static	修饰类时表示该类时静态类，类所有成员为静态，该类不能够被实例化；修饰类成员时，该成员为类成员，只能通过类名的方式访问

③ 类的成员包括数据成员和函数成员。

数据成员包括：字段（或者称域）和常量。

字段就是在类内定义的变量，用来存储描述类的特征的值，如电话的颜色、所属的主人，电话号码等。

常量是类的常量成员。常量成员名称的第一个字母一般大写，也经常使用全部大写、多个词之间用下划线连接的常量名。

声明字段成员变量的语法如下：

```
[访问修饰符] 数据类型  成员变量名
```

类的函数成员包括：属性、方法、索引器、事件、运算符、构造函数和析构函数。声明函数成员语法格式如下：

```
[访问修饰符] 返回值数据类型  方法名（参数列表）
{
```

```
    //方法体
}
```

类成员访问修饰符用如下关键字定义。

public：表示该成员可以由任何代码访问。

private：表示该成员只能由类中的代码访问，如果省略修饰符，则默认为 private 类型。

internal：该类成员只能由定义它的项目内部的代码访问。

protected：该类成员只能由该类或派生类中的代码访问。

【例 4-1】定义一个学生类。

```
public class Student
{
  public string Name;
  public string Num;
  public DataTime Birthday;
  public int Age;
}
```

4.2.2 创建对象

类是对象总体的定义，而对象是类的具体实现。要想使用类，需要对类进行实例化。创建类对象时使用关键字 new。

语法格式：

```
类名 对象名 =new 类名();
```

如对于前面定义的类 Student，下面代码创建一个该类的实例，然后给对象的数据成员赋值。

```
Student stuA = new Student();
```

上述代码中首先声明了 Student 类型的变量 stuA，通过 new Student()创建了实际的对象，并且把对象实例赋值给 stuA。这里 stuA 是引用型变量，它本身没有保存对象的值，而是指向了对象在内存中的地址。上述过程也可写成如下两行代码：

```
Student stuA; //声明一个类的实例变量
struA = new Student();   //创建对象并将对象引用赋给 stuA
```

创建对象之后，就可以访问对象的成员。在 C#中，访问对象的成员统一用点运算。语法格式：

```
对象名.数据成员名
对象名.方法名()
```

如：

```
stuA.Name = "王亮";
stuA.Num = "2013020201";
```

类和对象的区别：

① 对象是以类为模板创建出来的。类与对象之间是一对多的关系；

② 在 C#中，使用 new 关键字创建对象；

③ 在程序中“活跃”的是对象而不是类；

④ 在面向对象领域，对象有时又被称为是“类的实例”，“对象”与“类的实例”这

两个概念是等同的。

【例 4-2】 创建一个关于学生信息的类，创建该类的一个对象，访问对象的成员。

新建一个控制台应用程序项目，项目名称命名为 Ex4_2，输入如下代码：

```
using System;
using System.Text;
namespace Ex4_2
{
  class Student //定义一个类 Student
    {
        public string Name;//学生姓名
        public string Num;//学生学号
        public DateTime Birthday;//出生日期
        public int Age; //学生年龄
    }
  class Program
    {
        static void Main(string[] args)
        {
            Student stuA = new Student(); //创建对象
            stuA.Name = "王亮";
            stuA.Num = "20130101";
            stuA.Birthday = Convert.ToDateTime("1990.2.2");
            stuA.Age = (DateTime.Now.Year    - stuA.Birthday.Year);//计算年龄
            Console.WriteLine("学生姓名：{0}，学号:{1}，年龄:{2}", stuA.Name,
stuA.Num, stuA.Age);
        }
    }
}
```

程序编写完成后，按【Ctrl+F5】运行结果如图 4-1 所示。

图 4-1 程序运行结果

4.2.3 类关系图

C#提供了一个查看类关系图的工具，在解决方案资源管理器窗口中选中当前项目中代码文件，然后单击鼠标右键，选择“查看类关系图”命令，系统会打开类关系图窗口，也可在解决方案资源管理器窗口工具栏上选择【查看类关系图】打开在类关系图窗口。在类关系图窗口可以看到当前程序文件中定义的类，每个类以一个矩形框表示，见图 4-2 所示。

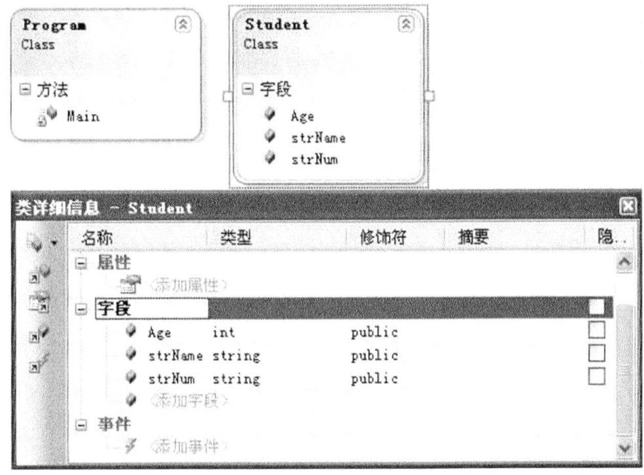

图 4-2　类关系图

单击矩形框右上方的箭头图标，将展开类的结构示意图，右击 Student 类矩形框，选择【类详细信息】命令，打开类详细信息窗口。在类详细信息窗口中可以方便地查看类的各种成员的信息，也可以在设计视图中方便地对类的成员进行修改、添加和删除。在图 4-2 中“添加字段”处单击，就可添加字段，设置其数据类型和修饰符，在代码中添加该字段。

4.3 属　　性

属性是对现实世界中实体特征的抽象，它提供了对类或对象性质的访问方法。类的属性描述的是状态信息，在类的实例中属性的值表示该对象的状态值。

在面向对象程序设计中，属性充分体现了对象的封装性：即不直接操作类的数据成员，而是通过访问器来进行访问。这样就为读写对象的属性的相关行为提供了某种机制，保证了类内部数据的安全，并且可以根据类内部的原始数据获得自定义的数据。

例 4-1 中用于表示学生信息的类 Student：

```
class Student //定义一个类 Student
    {
        public string Name;//学生姓名
        public string Num;//学生学号
        public DateTime Birthday;//出生日期
        public int Age; //学生年龄
    }
```

Student 类中使用公有字段来表达学生信息，目的是使在类外能够访问这些数据成员，但这种方式不符合类的封闭性要求，并且这种方式无法保证数据的有效性。例如，在如下情形下就无法保证数据的合理性：

```
Student stuA = new Student();
stuA.Name = ""; //非法数据，名字为空
stuA.Birthday = new DateTime(2020.1.3); //出生日期不对
stuA.Age = -1; //年龄必须大于 0!
```

为了实现良好的数据封闭和数据隐藏，类的数据成员访问属性一般设置成 private 或 protected，这样在类的外部就不能直接读/写这些数据成员了。为了访问这些数据成员，C#提供了一种语法简单、使用方便的机制来实现这一要求，这就是是属性。

属性的语法格式：

```
[访问修饰符] 数据类型 属性名
 {
    get
    {
        ……//获取属性值代码
    }
    set
    {
        ……//设置属性值代码
    }
}
```

说明：

① 属性包含两个特殊的代码块，分别是 get 块和 set 块。get 块用于获取属性的值，set 块用于设置属性的值，有时也把这两个块称为访问器。可以忽略其中一个来创建只读或只写属性，忽略 get 块实现只写属性，忽略 set 块实现只读属性；

② 属性访问器的访问属性一般定义为 public 属性；

③ 属性至少要包含一个代码块才是有效的；

④ 属性名称的首字母一般要求是大写。

编写属性的方法如下：

① 设计一个私有的字段用于保存属性的数据；

② 设计 get 块和 set 块存取私有数据成员。

（1）get 块和 set 块　get 块通常包含一条 return 语句以返回属性值，返回的数据类型必须与属性的类型相同。简单的属性一般与一个私有数据成员相关联，此时 get 块可以直接返回该数据成员的值。

set 块把一个值赋给类的私有数据成员，该值（即用户提供的值）使用关键字 value 来引用。

如在 Student 类中添加 Name 属性，代码如下：

```
public class Student
    {
        private string name; //私有数据成员
        public string Name //对外提供的属性名为 Name
        {
            get { return name; }
            set { name = value;}
        }
    }
```

在上述代码中，get 语句块 value 代表了外界传入的值。

（2）属性的访问　类的属性成员的访问方法同类的变量成员完全一样，通过“对象名.属性成员名”来访问。例如，以下代码向 Name 属性赋值：

```
Student stu = new Student();
stu.Name = "张三";
```

“王亮”这一字串值将被保存到变量 value 中，供 set 语句块使用。

（3）属性的应用　在属性设计中，可以对用户提供的数据进行验证以防止非法数据入侵。如用户提供的姓名不能为空，或年龄值不能为负等。在 get 代码块还可以对私有数据成员进行处理再返回给用户。

【例 4-3】属性的简单应用，实现用户提供数据的验证，并且根据用户提供的出生日期计算实际年龄。

```
using System;
using System.Text;
namespace Property
{
    public class Student
    {
        private string name;
        private DateTime birthday;
        private int age;
        public int Age //定义属性
        {
            get //只有 get 块，年龄为只读，根据生日计算实际年龄
            {
                age = DateTime.Now.Year - birthday.Year;
                if (birthday.Month >DateTime.Now.Month )//生日在本月之后
                {
                    age -= 1;
                }
                else
                    if (birthday.Month == DateTime.Now.Month    )//生日在本月
                    {
                        if (birthday.Day > DateTime.Now.Day) //日期还未到
                        age -= 1;
                    }
                return age;
            }
        }
        public DateTime Birthday
        {
            get
```

```
                {   return birthday;    }
                set
                {   birthday = value;   }
            }
            public string Name
            {
                get { return name; }
                set
                {
                    if(value.Length == 0)
                        throw new Exception("名字不能为空");
                    name = value;
                }
            }
        }
        class Program
        {
            static void Main(string[] args)
            {
                Student stuA = new Student();
                stuA.Name = "王亮";
                stuA.Birthday = Convert.ToDateTime("1990.5.2");
                Console.WriteLine("姓名：{0},出生日期：{1},年龄：
{2}",stuA.Name,stuA.Birthday,stuA.Age);
            }
        }
    }
```

上述代码中，在 Student 类中定义了 3 个私有数据成员 name、birthday 和 age，设计了 Name 属性、Brithday 属性和 Age 属性。其中 Age 属性只有 get 代码块，为只读属性，学生的年龄根据出生日期和系统当前日期计算，如果在当前年度还未过生日，age 值减 1 得到学生的实际年龄。Name 属性中对用户提供的数据进行判断，如果输入了空串，则抛出一个异常，提示用户这里有错误需要更正。

图 4-3　程序运行结果

程序编写完成，按【Ctrl+F5】运行，程序运行结果见图 4-3 所示。

4.4 方　　法

方法是类中的另一个重要组成部分。方法主要用来执行对象的各种操作，表现为对象的行为特征。在形式上，方法是类中用于计算或进行其他操作的代码块。

4.4.1　方法的定义

C#实现了完全意义上面向对象设计，用户编写代码全部封闭在类中，因此 C#程序中定义的方法都必须放在某个类中。定义方法的语法形式如下。

```
[访问修饰符] 返回值数据类型 方法名([参数列表])
{
    //方法体
}
```

其中方法的访问修饰符见表 4-2 所示。

表 4-2　方法的访问修饰符

修　饰　符	作 用 说 明
public	访问不受限制，可以类内和任何类外的代码中访问
protected	可访问域限定于类内或从该类派生的类内
private	可访问域限定于它所属的类内
internal	可访问域限定于类所在的程序内
static	表示该方法为静态方法，只属于类而不属于特定对象
virtual	表示该方法可在派生类中重写以更改其实现
abstract	指示该方法或属性没有实现
override	表示该方法是从基类继承的 virtual 方法的新实现
sealed	密封方法，不允许在派生类重写该方法
extern	指示方法在外部实现

说明：

① 如果省略“访问修饰符”，该方法为类的私有成员；

②“返回值数据类型”指定该方法返回数据的类型，它可以是任何有效的类型。如果方法不需要返回一个值，其返回类型必须是 void；

③“方法参数列表”是用逗号分隔的类型、标识符对。这里的参数是形式参数，本质上是一个变量，它用来在调用方法时接收传给方法的实际参数值，如果方法没有参数，那么参数列表为空；

④ 一般来说有两种情况将导致方法返回，第一种情况：运行到方法的结束语句，第二种情况：执行到 return 语句。

4.4.2　方法的参数

C#方法的参数有四种类型：值类型、引用类型、输出类型和数组类型。

（1）值类型参数　定义格式：

```
参数数据类型　参数名
```

在方法声明时没有任何的修饰符，这时形式参数（形参）与实际参数（实参）之间按值进行传递。采用值传递方式进行传递时，编译器首先将实参的值做一份拷贝，并且将此拷贝传递给被调用方法的形参。可以看出这种传递方式传递的仅仅是变量值的一份拷贝，或是为形参赋予一个值，而对实参并没有做任何改变，同时在方法内对形参值的改变所影响的仅仅是形参，并不会对定义在方法外部的实参起任何作用。实参可以是常量、变量或表达式。

【例 4-4】 值类型参数的运用。

```
using System;
using System.Collections.Generic;
using System.Text;
namespace swap
{
    class Myclass
    {
        public void swap(int x, int y)
        {
            int temp;//对形参进行交换
            temp = x; x = y; y = temp;
        }
    }
    class Program
    {
        static void Main(string[] args)
        {
            Myclass m = new Myclass();
            int a=10, b=20;
            Console.WriteLine("调用类的方法前，a={0},b={1}", a, b);
            m.swap(a, b);
            Console.WriteLine("调用类的方法后，a={0},b={1}", a, b);
        }
    }
}
```

程序编写完成后运行结果见图 4-4 所示，可以看出形参的变化并不影响实参。

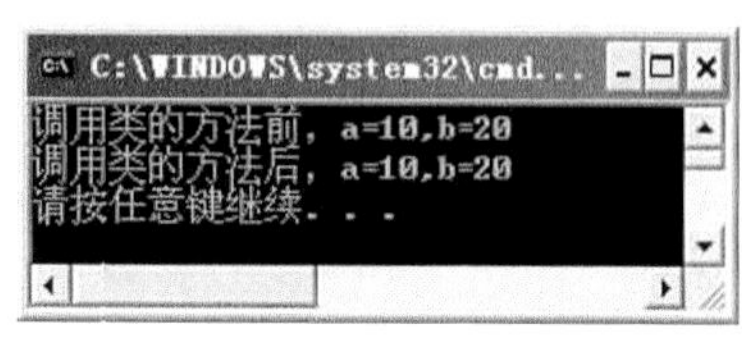

图 4-4 程序运行结果

注意：如果传递给方法的变量本身就是引用类型时，它遵循的仍是值参数传递方式。这时系统会给形参分配存储单元，接受实参的引用值的拷贝。如果改变参数所引用的对象将会影响实参所引用的对象。例如传递参数为数组时，在方法中对数组元素的修改会影响到实参。

【例 4-5】将数组名作为方法参数进行传递，在方法内实现对数组元素的排序

```
using System;
using System.Text;
namespace Ex4_5
{
    public class Myclas
    {
        public void Sort(int[] Arr)
        {
```

```
            int i, j, temp;
            for (i = 0; i < Arr.Length - 1; i++)
                for (j = 0; j < Arr.Length - 1 - i; j++)
                {
                    if (Arr[j] > Arr[j + 1])
                    {
                        temp = Arr[j + 1];
                        Arr[j + 1] = Arr[j];
                        Arr[j] = temp;
                    }
                }
        }
    class Program
    {
        static void Main(string[] args)
        {
            int[] intArr = new int[8] { 21, 12, 41, 2, 32, 5, 28, 10 };
            Console.WriteLine("排序前");
            for (int i = 0; i < intArr.Length - 1; i++)
                Console.Write(intArr[i] + ",");
            Myclas myclass = new Myclas();
            myclass.Sort(intArr);
            Console.WriteLine("\n 排序后");
            for (int i = 0; i < intArr.Length - 1; i++)
                Console.Write(intArr[i] + ",");
        }
    }
  }
}
```

程序中对数组元素的排序采用的冒泡法，程序运程结果见图 4-5 所示。

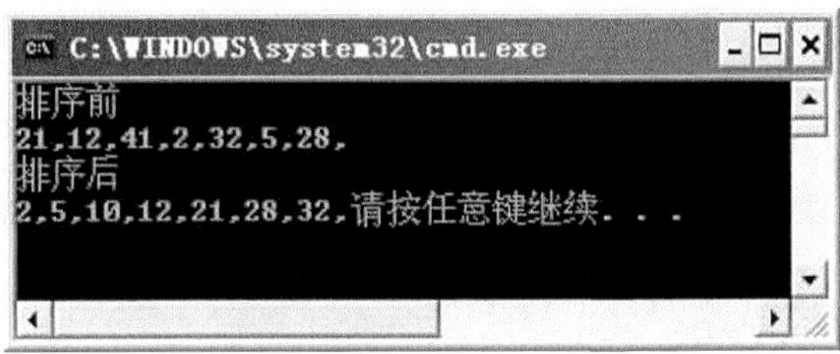

图 4-5　程序运行结果

（2）引用参数　定义格式：

```
ref　参数数据类型　参数名
```

如果希望在方法调用后对参数的修改能够保存，就应该用引用参数。引用参数使用 ref

关键字修饰参数。引用与值参数不同之处在于引用参数并不创建新的存储单元，它与方法调用中的实参是同一个存储单元，所以在方法内对形参的修改同样影响到实参。

【例 4-6】引用参数的使用。

对例 4-4 中的 swap 方法进行修改，部分代码如下：

```
public void swap(ref int x,ref int y)
{
        int temp;//对形参进行交换
        temp = x;
        x = y;
        y = temp;
}
```

方法调用语句：

```
m.swap(ref a, ref b);
```

程序运行结果见图 4-6 所示。可以看到方法参数为引用类型时，形参的变化会影响到实参。

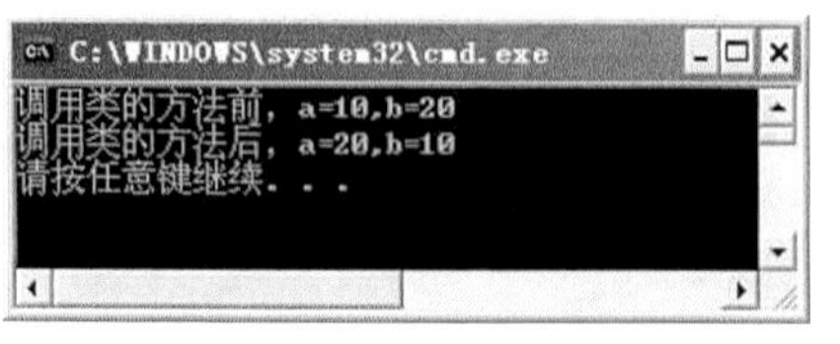

图 4-6 程序运行结果

说明：

- 在方法定义中引用参数用 ref 修饰；
- 方法调用时引用参数也要用 ref 来修饰，并且要求实参与形参的数据类型匹配，并且实参必须是变量，不能是常量或表达式。

（3）输出参数 定义格式：

```
out   参数数据类型   参数名
```

输出参数以 out 修饰符声明，和 ref 类似，也是直接对实参进行操作。在方法声明和方法调用时都必须明确指定 out 关键字。声明为 out 型参数在调用前不需要初始化，因为其含义只是用作输出目的，但是在方法返回之前必须为该参数赋值。

使用 out 修饰的输出参数通常用在需要多个返回值的方法中。

【例 4-7】输出参数的使用，编写方法求一个数组中元素的最大值、最小值和平均值。

```
using System;
using System.Text;
namespace Ex4_7
{
    public class Myclass
    {
        public void OutParam(out int max, out int min, out float avg, int[] Arr)
        {
            int i, sum = 0;
            max = min = Arr[0];
            for (i = 0; i < Arr.Length; i++)
            {
                sum += Arr[i];
```

```
                if (Arr[i] > max)
                    max = Arr[i];
                if (Arr[i] < min)
                    min = Arr[i];
            }
            avg = (float)sum / Arr.Length;
        }
    }
    class Program
    {
        static void Main(string[] args)
        {
            int[] intArr = new int[8] { 21, 12, 41, 2, 32, 5, 28, 10 };
            int max, min;
            float avg;
            Myclass myclass = new Myclass();
            myclass.OutParam(out max, out min, out avg, intArr);
            Console.WriteLine("max={0},min={1},avg={2:F2}", max, min, avg);
        }   //{2 :F2}为输出格式控制，小数点后保留两位
    }
}
```

程序运行结果见图 4-7 所示。

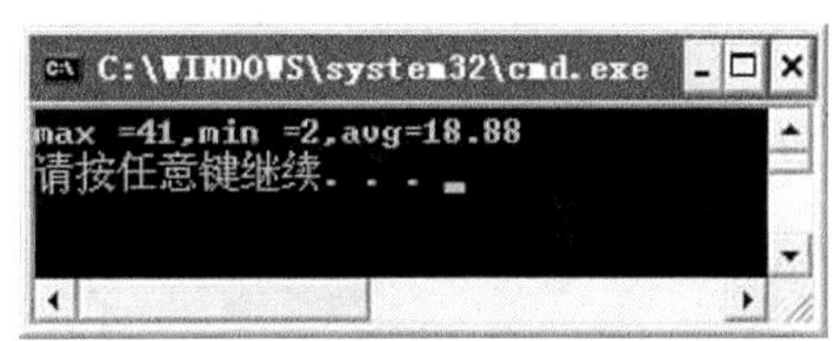

图 4-7　程序运行结果

说明：程序中 OutParam 方法有 4 个参数，其中 max、min 和 avg 定义为 out 型，使得方法有多个返回值，参数 Arr 为数组名，传递的是数组。

引用参数和输出参数的区别：虽然两者都可以保留修改后的结果，但是 ref 参数侧重于修改，而 out 参数更侧重于输出。而且，在具有 out 参数的方法中，必须对 out 参数进行赋值。

（4）参数数组　定义格式：

```
params  参数数组数据类型 [] 参数数组名
```

参数数组通过关键字 params 定义，该关键字用来声明具有可变长度的参数列表。参数数组主要用于在对数组长度未知（可变）的情况下进行的方法声明，调用时可以传入个数不同的实参，具备很好的灵活性。在一个方法的声明中只能包含一个参数数组，并且必须是参数列表中的最后一个参数。

【例 4-8】参数数组的使用，求多组数量不等数据的平均值。

```
using System;
using System.Text;
namespace Ex4_8
{
    public class Myclass
```

```
    {
        public double ParamArray(params int[] v)
        {
            double sum = 0;
            foreach (int i in v)
                sum += i;
            double average = sum / v.Length;
            return average;
        }
    }
    class Program
    {
        static void Main(string[] args)
        {
            Myclass myclass = new Myclass();
            double x = myclass.ParamArray(78, 85, 69, 87);
            Console.WriteLine("第一组数据的平均值是:{0}", x);
            x =myclass.ParamArray(87, 76, 58, 82, 91,67);
            Console.WriteLine("第二组数据的平均值是:{0:F2}", x);
        }
    }
}
```

上述代码中，两次调用 ParamArray 方法时传递的参数个数不同，所以将方法的参数声明为 params 类型的参数数组，在方法体中根据实参的个数确定一维数组的长度。程序运行结果见图 4-8 所示。

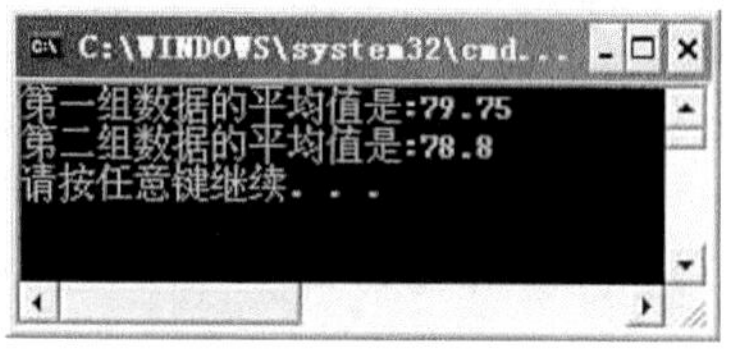

图 4-8　程序运行结果

4.4.3　方法重载

在 4.3.2 节中介绍了构造函数的重载，其实方法的重载同构造函数的重载是类似的。方法重载是一种使类可以用统一的方式处理不同类型数据的一种手段。在 C#语法中规定同一个类中两个或两个以上的方法可以用同一个名字，但是这些同名方法具有不同的参数列表，该方法就被称为重载方法。当一个重载方法被调用时，C#根据调用时提供的参数列表自动调用重载的方法来执行。

构成方法重载有以下几个条件：

- 在同一个类中；
- 方法名相同；
- 参数列表不同。

注意：方法的返回值不构成重载的条件。方法的参数数量不同时可以构成重载，当方法的参数数量相同但是参数的类型不同时也可以构成重载。

【例 4-9】方法重载。下面代码中有两个同名方法分别求整形数组和双精度型数组的最大值。

```
using System;
using System.Text;
namespace overload
{
    public class Myclass
    {
        public double Max(double[] dblArr)
        {
            double max = dblArr[0];
            foreach (double i in dblArr)
            {
                if (i > max)
                    max = i;
            }
            return max;
        }
        public    int Max(int[] intArr)
        {
            int max = intArr[0];
            foreach (int i in intArr)
            {
                if (i > max)
                    max = i;
            }
            return max;
        }

    }
    class Program
    {
        static void Main(string[] args)
        {
          int[] intArr = { 21, 12, 41, 2, 32, 5, 28, 10 };
          double[] dblArr = { 12.3, 54.3, 32.2, 45.1, 66.7, 34 };
          Myclass myclass = new Myclass();
          Console.WriteLine("最大的整数是:{0}",myclass.Max(intArr));
          Console.WriteLine("最大的双精度数是:{0:F2}",myclass.Max(dblArr));
        }
    }
}
```

上述代码中，两次调用 Max 方法的形式是一样的，系统根据参数的类型是 int 型还是

double 决定实际调用哪个重载方法。程序运行结果见图 4-9 所示。

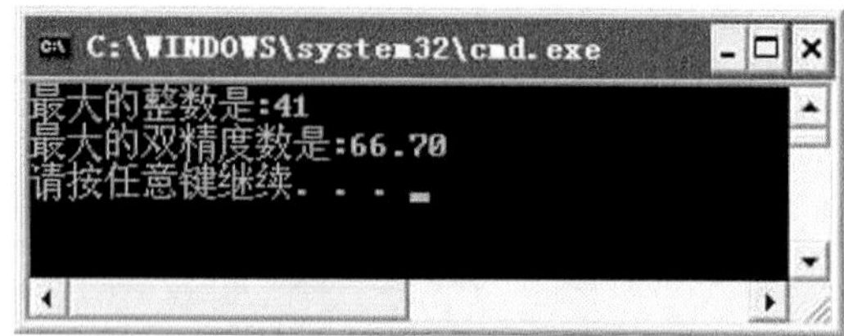

图 4-9 程序运行结果

4.5 构造函数与析构函数

4.5.1 构造函数

当使用 new 关键字创建一个对象时，一个特殊的函数被自动调用，这就是类的构造函数（constructor）。在 C#中，类的构造函数与类名相同，没有返回值。

构造函数语法格式：

```
class A
  {
          ……//类 A 的数据成员
       public A()//构造函数与类名相同
       {
            ……//构造函数代码
       }
  }
```

说明：构造函数是一种特殊的成员函数，它主要用于为对象分配存储空间，对数据成员进行初始化。构造函数具有一些特殊的性质:

① 构造函数的名字必须与类同名；

② 构造函数的访问修饰符一般为 public，因为构造函数会在类外的代码调用；

③ 构造函数没有返回类型，它可以带参数，也可以不带参数；

④ 创建类对象时，系统自动调用构造函数，构造函数不能单独被调用；

⑤ 构造函数可以重载，从而提供初始化类对象的不同方法；

⑥ 若在类的声明中未定义构造函数，系统会自动生成默认的构造函数，此时构造函数的函数体为空。创建类的对象时，该构造函数会初始化类成员，数值类型的成员初始化为 0，bool 类型成员初始化为 false，引用类型的成员初始化为 null。一旦定义了用户编写的构造函数，默认的构造函数就不再被调用。

【例 4-10】定义一个关于时间的类，在类中定义构造函数。

新建一个 Widnows 控制台应用程序，输入如下代码：

```
using System;
using System.Text;
namespace Ex4_10
{
```

```
        public class Time
        {
            public int Hour;
            public int Minute;
            public int Second;
            public Time()
            {
                Hour = 12;
                Minute = 0;
                Second = 0;
            }
        }
        class Program
        {
            static void Main(string[] args)
            {
                Time t1 = new Time();
                Console.WriteLine("默认的时间是{0}时{1}分{2}秒", t1.Hour, t1.Minute, 
t1.Second);
            }
        }
    }
```

代码完成之后，按【Ctrl+F5】，程序运行结果如图 4-10 所示。

4.5.2　带参数的构造函数

图 4-10　程序运行结果

例 4-10 中，在类中定义的是不含参数的构造函数，在更多的情况下是在构造函数中接收一个或多个参数，这就是带参数的构造函数。对带参数的构造函数的要求与无参数构造函数相同。在同一个类中可以有一个或多个带参数的构造函数，多个带参数的构造函数之间参数数目不同或参数数据类型不同，这种在同一个类出现的多个构造函数就称构造函数重载。在初始化对象时系统自动选择相匹配的构造函数去调用。

【例 4-11】带参数构造函数的使用。

在【例 4-10】的基础上添加带参数的构造函数。

```
    using System;
    using System.Text;
    namespace Ex4_11
    {
        public class Time
        {
            public int Hour;
```

```
        public int Minute;
        public int Second;
        public Time()
        {
            Hour = 12;
            Minute = 0;
            Second = 0;
        }
        public Time(int hour, int minute, int second) //3 个参数的构造函数
        {
            Hour = hour;
            Minute = minute;
            Second = second;
        }
        public Time(int hour, int minute)//2 个参数的构造函数
        {
            Hour = hour;
            Minute = minute;
        }
        public Time(int hour)//1 个参数的构造函数
        {
            Hour = hour;
        }
    }
    class Program
    {
        static void Main(string[] args)
        {
            Time t1 = new Time();
            Console.WriteLine("默认的时间是{0}时{1}分{2}秒", t1.Hour, t1.Minute,
t1.Second);
            Time t2 = new Time(7);
            Console.WriteLine("早餐时间是{0}时{1}分{2}秒", t2.Hour, t2.Minute,
t2.Second);
            Time t3 = new Time(8, 10, 0);
            Console.WriteLine("上课时间是{0}时{1}分{2}秒", t3.Hour, t3.Minute,
t3.Second);
        }
    }
}
```

运行结果见图 4-11。

上述代码中包含四个构造函数。在生成对象时，编译系统会根据传入的参数个数及类型自动调用合适的构造函数。

4.5.3 析构函数

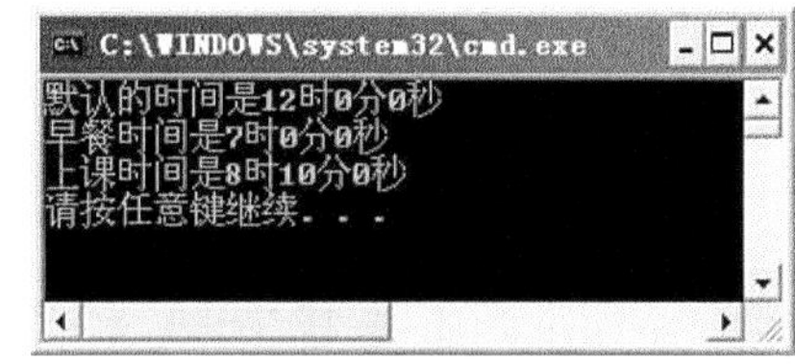

图 4-11 程序运行结果

C#提供很好的垃圾回收机制，很多垃圾回收的工作是由.NET Framework 来完成的，不需要程序员的干预。同时，C#也提供了析构函数，用于回收对象中无用的资源。析构函数与类同名，前面加一个“~”符号。

如在例 4-11 为 Time 类添加一个析构函数，代码如下：

```
~Time()
  {
      Console.WriteLine("调用析构函数");
  }
```

程序运行结果如图 4-12 所示。

C:\WINDOWS\system32\cmd.exe
默认的时间是12时0分0秒
早餐时间是7时0分0秒
上课时间是8时10分0秒
调用析构函数
调用析构函数
调用析构函数
请按任意键继续. . .

图 4-12 程序运行结果

说明：一个类只能有一个析构函数，析构函数会自动调用，所以析构函数不能显示调用。

4.5.4 this 关键字

this 是一个保留字，仅限于在类的构造函数和方法成员中使用，另外也可以在结构体中使用。在类的构造函数中出现表示对正在构造的对象本身的引用，在类的方法中出现表示对调用该方法的对象的引用，在结构体的构造上函数中出现表示对正在构造的结构的引用，在结构的方法中出现表示对调用该方法的结果的引用。

在 C#中，this 实际上是一个常量，所以不能使用 this++ 这样的运算。

如例 4-11 中，代码修改如下。

```
public class Time
  {
      public int Hour;
      public int Minute;
      public int Second;
      public Time(int Hour, int Minute, int Second) //带 3 个参数构造函数
      {
          this.Hour = Hour; //左边为类的数据成员变量，右边为构造函数的参数
          this.Minute = Minute;
          this.Second = Second;
      }
  }
```

在构造函数中，使用 this 关键字来区分哪个是构造函数的参数，哪个是类的数据成员。此时 this 指向当前的对象，如 this.Hour 表示 Hour 是类的数据成员，而直接写 Hour 表示是构造函数的参数。

在构造函数中，也可以使用 this 关键字来调用重载的其他构造函数。例 4-12 演示了这种

用法。

【例 4-12】使用 this 关键字调用类的其他构造函数。

在例 4-11 基础上，把代码进行修改，运行结果不变。

```
using System;
using System.Text;
namespace Ex4_12
{
    public class Time
    {
        public int Hour;
        public int Minute;
        public int Second;
        public Time():this(12,0,0)
        {   }//方法体内无代码，调用类中 3 个参数的构造函数
        public Time(int hour, int minute, int second) //3 个参数的构造函数
        {
            Hour = hour;
            Minute = minute;
            Second = second;
        }
        public Time(int hour, int minute)//2 个参数的构造函数
        {
            Hour = hour;
            Minute = minute;
        }
        public Time(int hour)//1 个参数的构造函数
        {
            Hour = hour;
        }
    }
    class Program
    {
        static void Main(string[] args)
        {
            Time t1 = new Time();
            Console.WriteLine("默认的时间是{0}时{1}分{2}秒", t1.Hour.ToString(),
t1.Minute, t1.Second);
            Time t2 = new Time(7);
            Console.WriteLine("早餐时间是{0}时{1}分{2}秒", t2.Hour, t2.Minute,
t2.Second);
            Time t3 = new Time(8, 10, 0);
```

```
            Console.WriteLine("上课时间是{0}时{1}分{2}秒", t3.Hour, t3.Minute,
t3.Second);
        }
    }
}
```

上述代码中，无参构造函数中没有编写代码，而是直接用 this 关键字调用带参数的构造函数。程序运行结果与例 4-11 相同。

4.6　静态类和静态类成员

类可以分为实例类和静态类。实例类可以被实例化，而静态类不可以实例化，只能通过类名来访问其成员。例如系统提供的 Console 类就是静态类，Console 类中包含大量的静态方法，所以可以直接用如下的命令实现输出操作，而不需要实例化：

```
Console.WriteLine("Hello wold!"));
```

如果要声明一个类为静态类，或者声明一个类成员为静态成员，只需要在访问修饰符的后面加上 static 关键字即可。当一个类声明为静态类时，它只能包含静态成员。不能使用 new 关键字创建静态类的实例。

static 修饰符可用于类、字段、方法、属性、运算符、事件和构造方法，但不能用于索引器、析构函数或类以外的类型。

由于静态类不与特定对象关联，使用静态类能使得某些方法的实现更简单、迅速，前文中 System 命令空间中的 Math 类中就包含大量的静态方法和属性如：

```
Math.Abs();    //静态方法，求绝对值
Math.PI;       //静态属性，返回圆周率
```

【例 4-13】静态类的使用：定义一个类实现求一个正方形的面积，要求通过类名访问。

```
using System;
using System.Text;
namespace Ex4_13
{
    public static class Square
    {
        public static double GetArea(double x)
        {
            return x*x;
        }
    }
    class   Program
    {
        static void Main(string[] args)
        {
            Console.WriteLine(Square.GetArea(2.3));//通过类名直接使用方法
        }
    }
}
```

类的成员同样也可以分为实例成员和静态成员。static 修饰的类的成员就是静态成员，静态成员属于类本身，在类的实例之间是共享的，不属于类的对象所有。没有 static 修饰的成员为普通的实例成员，实例成员属于对象。

静态成员在第一次被访问之前初始化。若要访问静态类成员，应使用类名而不是变量名来引用该成员。

【例 4-14】静态方法和实例方法。

```
using System;
using System.Text;
namespace StaticClass
{
    public class Myclass
     {
          public   int sum1(int a, int b)
          {
               return a + b;
          }
          public static int sum2(int a, int b)
          {
               return a + b;
          }
     }
     class Program
     {
          static void Main(string[] args)
          {
               int a = 10, b = 20;
               Myclass   t1 = new Myclass() ;//实例方法，必先实例化才能使用
               Console.WriteLine("a + b ={0}", t1.sum1(a, b));
               Console.WriteLine("a + b ={0}", Myclass.sum2(a,b));
               //静态方法，直接通过类名使用
          }
     }
}
```

上述例子中定义了两个方法，一个为静态方法，另一个为实例方法。静态方法可通过类名直接调用，而实例方法必须先进行实例化，然后通过对象进行调用。

4.7 命 名 空 间

在 C#中，系统利用命名空间（namespace）来组织程序。命名空间提供了一种从逻辑上组织类的方式，防止命名冲突。与文件系统不同，命名空间只是一种逻辑上的划分，而不是物理上的存储分类。

在命名空间中，可以声明类、接口、结构、枚举、委托以及命名空间。

4.7.1　命名空间的声明

命名空间的声明格式：

```
namespace 命名空间名
{
        命名空间定义体
}
```

说明：在命名空间中，可以声明类、接口、结构、枚举、委托命名空间。命名空间默认为 public，而且在命名空间的声明中不能包含任何访问修饰符。

如果未显式声明命名空间，则会创建默认命名空间。该默认的命名空间（有时称为全局命名空间）。全局命名空间中的任何标识符都可用于命名的命名空间中。

命名空间可以嵌套，各命名空间用“.”分隔。

例如：

```
namespace N1.N2
{
   class A {}
   class B {}
}
```

在语义上等效于

```
namespace N1
{
   namespace N2
   {
      class A {}
      class B {}
   }
}
```

4.7.2　命名空间的使用

在 C#中使用 using 指令来导入其他命名空间和类型的名称，直接地而不是通过限定名来引用它们。

（1）using 作为指令，用于为命名空间创建别名或导入其他命名空间中定义的类型，从而可以直接使用这些被导入的类型的标识符而不必加上它们的限定名。

例如：

```
namespace N1.N2
       {
            class A {}
       }
namespace N3
       {
             using N1.N2;
```

```
        class B
        {
                public static void Main()
                {
                        A a=new A();
                }
          }
    }
```

上面的示例中，在 N3 命名空间中 N1、N2 的类型成员是直接可用的，不需要再写上完全限定名 N1、N2。

使用 using 指令能够引用给定的命名空间或创建命名空间的别名(using 别名)。

语法格式：

using [别名 =]类或命名空间名;

例如：

```
using MySpace =N1.N2;
MySpace.A a = new MySpace.A();
```

（2）作为语句，用于定义一个范围，在此范围的末尾将释放对象。

例如：

```
using (Font font2 = new Font("Arial", 10.0f))
  {
      // use font2
   } //using 语句之后 font2 将不存在
```

习 题 4

一、选择题

1．面向对象编程语言具有的三个基本特性是（ ）。

A．封装、继承和多态　　B．类、对象和方法

C．封装、继承和派生　　D．封装、继承和接口

2．关于构造函数与析构函数的说法中正确的是（ ）。

A．构造函数和析构函数不需要用户显式调用，由系统自动调用

B．构造函数的返回类型是 void

C．构造函数不可以有参数

D．析构函数可以使用 public 访问修饰符进行定义

3．C#实现了完全意义上的面向对象，所以它没有（ ），任何数据域和方法都必须封装在类体中。

A．全局变量　　B．全局常数

C．全局方法　　D．全局变量、全局常数和全局方法

4．下列关于静态成员的描述中，错误的是（ ）。

A．静态成员都是使用 static 来说明的

B．静态成员是属于类的，不是属于某个对象的

C．静态成员只可以用类名加作用域运算符来引用，不可用对象引用

D．静态数据成员的初始化是在类体外进行的

5．下列关于对象的描述中，错误的是（　　）。

A．对象是类的一个实例　　B．对象是属性和行为的封装体

C．对象就是 C 语言中的结构变量　　D．对象是现实世界中客观存在的某种实体

6．方法中的值参数是（　　）的参数。

A．按值传递　　B．按引用传递

C．按地址传递　　D．不传递任何值

7．下列关于析构函数的描述中，错误的是（　　）。

A．析构函数的函数体都为空　　B．析构函数是用来释放对象的

C．析构函数是系统自动调用的　　D．析构函数是不能重载的

8．在 C#中设计时，如何将一个可读写的公有属性 Nmae 修改为只读属性（　　）。

A．为 Nmae 添加修饰符　　B．将 Nmae 的 set 块置空

C．将 Nmae 的 set 块删除　　D．在 Nmae 的 set 块前加修饰符 pravite

9．下列关于重载的说法，错误的是（　　）。

A．方法可以通过指定不同的参数个数重载

B．方法可以通过指定不同的参数类型重载

C．方法可以通过指定不同的参数传递方式重载

D．方法可以通过指定不同的返回值类型重载

10．在类的定义中，类的（　　）描述了该类的对象的行为特征。

A．类名　　B．方法　　C．所属的命名空间　　D．私有域

二、简答题

1．构造函数和析构函数的主要作用是什么？它们各有什么特性？

2．如果类的所有对象都共享同一个变量，应该怎样声明这个变量？

三、编程题

1．定义个成绩类，该类能够记录学生姓名、班级、学号以及数学、英语、物理、化学四科成绩及平均成绩。

2．定义描述平面坐标的类，其中包含两个私有成员，分别为点的 x 坐标和 y 坐标，为私有成员编写属性过程。添加有参数和无参数构造函数，在 Main()主函数中生成类对象，并输出对象的坐标值。

实训案例 4　类和对象的应用

一、实训目的

掌握类的定义及类中的各个成员的使用，掌握属性的使用，掌握构造函数的使用，掌握方法重载。

二、实训内容

本次实训设计一个模拟糖果连锁店营业的程序。

程序中首先定义了描述商品的结构体 goods，结构体中的数据成员包含商品的名称、单价和数量。然后定义了一个描述商店的类 Store。类中声明了一个静态变量 Totalsum，表示连锁店的营业总额，私有变量 sum 表示某个糖果店的营业额。类的其他数据成员包括店名 storename 和两种商品 candy 和 chips。

在类 Store 中有一静态的构造函数，它是在创建类的第一个实例或静态成员被引用时系

统自动运行，表示糖果店开始营业时将总营业额初始化为 0。在 Store 的默认构造函数中对商品的名称和价格进行初始化。

类的方法中包括购进商品和卖出商品的操作的方法，见代码中的注释。

设计步骤如下。

新建一 Windows 控制应用程序，命名为 CandyStore，添加如下代码：

```
using System;
using System.Text;
namespace CandyStore
{
    public struct goods   //描述商品的结构体数据类型
    {
        public string name;
        public   int quantity;
        public   double price;
    }
    class Store   //描述连锁店的类
    {
        static double Totalsum; //连锁店总营业额，为静态成员，属于类所有
        double sum;              //普通实例成员，为对象所有
        goods candy;             //出售的商品
        goods chips;
        public string storeName; //店名
        static Store()                //静态构造函数，生成类的第一个实例时运行
        {
            Totalsum = 0;
        }
        public Store()    //实例构造函数，创建对象时运行
        {
            goods candy;
            candy.name = "candy";//商品名称
            candy.price = 2; //单价
            candy.quantity = 0;//初始库存为 0
            goods chips;
            chips.name = "chips";
            chips.price = 5;
            chips.quantity = 0;
            sum = 0;   //营业额为 0
        }
        public void   getCandy(int num) //购进商品
        {
            Console.WriteLine("{0}新进糖果{1}",storeName, num);
```

```
            candy.quantity +=num ;//购进商品
        }
        public void getChips(int num) //购进商品
        {
            Console.WriteLine("{0}新进薯片{1}",storeName, num);
            chips.quantity += num;//购进商品
        }
        public void   SaleCandy(int num) //出售商品
        {
            if (candy.quantity >= num)
            {
                candy.quantity -= num;//卖出商品,修改库存
                sum += candy.price * num;
                Totalsum += candy.price * num;
                Console.WriteLine("{0}卖出糖果：{1}包,金额：{2}元",storeName,
num, candy.price * num);
            }
            else
                Console.WriteLine("库存不足！");
        }
        public void SaleChips(int num) //出售商品
        {
            if (chips.quantity >= num)
            {
                chips.quantity -= num;//卖出商品,修改库存
                sum += chips.price * num;
                Totalsum += chips.price * num;
                Console.WriteLine("{0}卖出薯片：{1}包,金额：{2}元",storeName,
num, chips.price * num);
            }
            else
                Console.WriteLine("库存不足！");
        }
        public double businessvoluem()
        {
            return sum;//本店营业额
        }

        public double Totalbusinessvolume()
        {
            return Totalsum;//各店营业总额
```

```
            }
        }
        class Test //测试类
        {
            static void Main(string[] args)
            {
                Store storeA = new Store(); //开第一店
                storeA.storeName = "学院店";
                storeA.getCandy(20);
                storeA.getChips(25);
                storeA.SaleCandy(12);
                storeA.SaleChips(15);
                Console.WriteLine(storeA.storeName + "营业额是{0}元",
storeA.businessvoluem());
                Console.WriteLine("各店营业额总计是{0}元",
storeA.Totalbusinessvolume());
                Store storeB = new Store();//开第二家店
                storeB.storeName = "大学店";
                storeB.getCandy(20);
                storeB.getChips(20);
                storeB.SaleCandy(2);
                storeB.SaleChips(10);
                Console.WriteLine(storeB.storeName + "营业额是{0}元",
storeB.businessvoluem());
                Console.WriteLine("各店营业额总计是{0}元",
storeA.Totalbusinessvolume());
            }
        }
    }
```

代码编写完成之后，进行编译，排除错误，运行程序，测试代码中演示了开店、购进商品、出售商品等过程，运行结果见图 4-13。

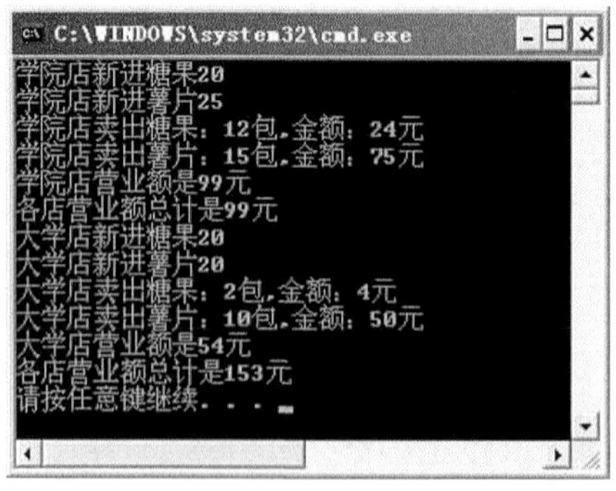

图 4-13　程序运行结果

第 5 章　继承、多态和接口

为了提高软件模块的可复用性和可扩充性，提高软件的开发效率，用户总是希望能够利用前人或自己以前的开发成果，同时又希望在自己的开发过程中能够有足够的灵活性，不拘泥于复用的模块。在面向对象的程序设计语言中通过继承和多态这两个重要的特性来实现上述要求。

5.1　类 的 继 承

现实世界中的许多实体之间不是相互孤立的，它们往往具有共同的特征也存在内在的差别。人们可以采用层次结构来描述这些实体之间的相似之处和不同之处。

例如：交通工具—车辆—四轮车—汽车—轿车。

上述例子反映了交通工具的派生关系。最高层的实体往往具有最一般最普遍的特征，越下层的事物越具体，并且下层包含了上层的特征。在面向对象编程中，体现为基类与派生类之间的关系。

为了用软件语言对现实世界中的层次结构进行抽象，在面向对象的程序设计技术引入了继承的概念。继承是面向对象程序设计的主要特征之一，可以重用代码、节省程序设计的时间以提高开发效率。继承就是在类之间建立一种层次关系，使得新定义的类可以继承已有类的数据和功能，同时还可以用新的特性或功能加以扩充。

被继承的类称为基类（或称为父类），通过继承产生的新类称为派生类（或子类）。一个类从另一个类派生出来时，派生类继承了基类中的所有成员，如方法、成员变量、属性，但不能继承其构造函数和析构函数。派生类也可以作为其他类的基类，这样从一个基类派生出来的多层类构成了类的层次结构。

5.1.1　定义派生类

```
[访问修饰符] class   派生类名:基类名
{
    ……//派生类代码
}
```

注意：C#中，派生类只能从一个类中继承。

以下 C#代码实现了 Employee 类与 Person 类之间的继承关系。

【例 5-1】定义 Person 类，包含姓名和性别属性，然后派生出 Employee 类，增加员工编号、职位、基础工资等属性。

```
using System;
using System.Text;
namespace EX5_1
{
```

```
public class Person
{
    string name;
    string sex;
    public string Name
    {
        get { return name; }
        set { name = value; }
    }
    public string Sex
    {
        get { return sex; }
        set { sex = value; }
    }
    public void PersonDisplay()//类的方法(函数)声明，显示姓名和性别
    {
        Console.WriteLine("姓名:{0},性别：{1}", name, sex);
    }
    public Person(string name, string sex)//构造函数,与类同名,无返回值
    {
        this.name = name;
        this.sex = sex;
    }
    public Person()//类的无参构造函数
    {
        name = "未命名";
        sex = "未知";
    }
}
public class Employee : Person
{
    string id;//员工编号
    string position;//职位
    double basesalary;//员工基础工资
    public string Id
    {
        get { return id; }
        set { id = value; }
    }
    public string Position
    {
```

```
                get { return position; }
                set { position = value; }
            }
            public double Basesalary
            {
                get { return basesalary; }
                set { basesalary = value; }
            }
            public Employee()
            {
                Name = "未知";
                Sex = "未知";
                id = "999";
                position = "新员工";
                basesalary = 2500;
            }
            public void EmployeeDisplay()
            {
                Console.WriteLine("姓名:{0},性别:{1},员工编号:{2},职位:{3},基础工资:
{4}", Name, Sex, id, position, basesalary);
            }
            public Employee(string name,string sex, string ID, string position, double salary)
            {
                this.Name = name;
                this.Sex = sex;
                this.id = ID;
                this.position = position;
                this.basesalary = salary;
            }
        }
        class Test
        {
            static void Main(string[] args)
            {
                Person A = new Person(); //调用无参构造函数
                A.PersonDisplay(); //显示姓名为"未知"、性别为"未知"
                Person B = new Person("王亮", "男");//有参构造函数
                B.PersonDisplay(); //显示姓名和性别
                Employee C = new Employee();//派生类
                C.EmployeeDisplay();//显示姓名和性别为"未知"，职位为"新员工"
                Employee D = new Employee("张明", "男", "010", "工程师", 3500);
```

```
                D.EmployeeDisplay();
                //显示员工的姓名、性别、编号、职位和工资
            }
        }
    }
```

代码中 Person 类中定义的 Name 和 Sex 属性，定义了 PersonDisplay 方法显示姓名和性别。Employee 类派生于 Person 类，在派生类中可以直接访问基类的 Name、Sex 属性，派生类增加了员工编号 id、职位 position 和基础工资 basesalary 等数据成员，在 EmployeeDisplay 方法中输出员工的相关信息。

程序运行结果如图 5-1 所示。

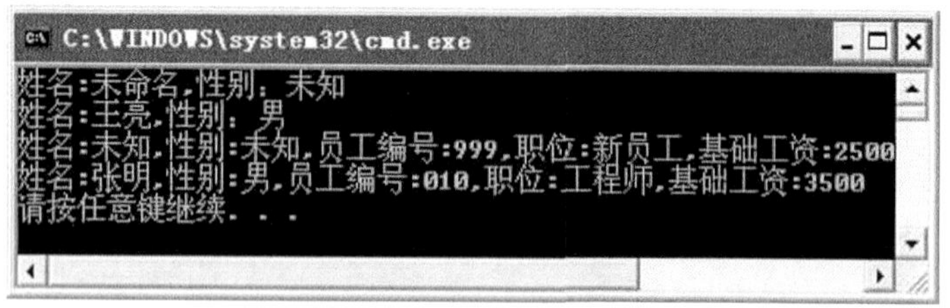

图 5-1　程序运行结果

说明：

① 派生类隐式获得基类的除构造函数和析构函数以外的所有成员。继承是可传递的。如果 C 从 B 中派生，B 又从 A 中派生，那么 C 不仅继承了 B 中声明的成员，同样也继承了 A 中的成员；

② 派生类是对基类的扩展，在派生类中可以添加新的成员，但不能除去已经继承的成员的定义；

③ 基类中成员通过继承成为派生类的成员后，其原来的访问性质不变；

④ 基类的私有成员只能在基类的内部被访问，派生类中虽然继承了基类的私有成员，但是无法直接访问。如上例中 Person 类中的 Name 为私有成员，在 Employee 中无法直接访问，但是可以通过 Person 类提供的 Name 属性来访问。

5.1.2 System.Object 类

C#所有类都派生于 System.Object 类。在定义类时如果没有明确指定继承类，编译器缺省认为该类继承自 System.Object 类。如前面定义 Person 类的代码就等同如下代码：

```
public class Person:System.Object
{
    //代码
}
```

System.Object 类常见的方法：

① Equals 方法　如果两个对象具有相值时，返回 true；

② ToString 方法　返回一个表示对象状态的字符串；

③ GetType 方法　返回当前对象的实际类型；

④ GetHashCode　返回当前对象的 Hash 值。

由于 C#所有类都派生于 Object 类，因此在 C#中任何类型的变量有上述 4 个方法。其中最常用的是 ToString 方法，该方法返回对象的字符串表达式，下面的语句是正确的。

```
Console.WriteLine(f.ToString());//以字符串形式输出变量 f 的值
Console.WriteLine(obj2.ToString());
```

5.1.3　派生类的构造函数和析构函数

基类的构造函数和析构函数是不被继承的。即使没有自定义的构造函数和析构函数，基类和派生类都有默认的构造函数和析构函数，在运行时它们之间的关系是怎样的呢？

在派生类中，基类的成员虽然被继承，但是这些成员的初始化仍然由基类的构造函数来完成，所以，当创建一个派生类的对象时，基类的构造函数首先被执行，然后才调用派生类的构造函数。而析构函数的调用顺序与构造函数的调用顺序相反，派生类的析构函数首先被调用，然后调用基类的析构函数。

【例 5-2】构造函数和析构函数的调用顺序

```
using System;
using System.Text;
namespace EX5_2
{
    public class A
    {
        public A()
        {
            Console.WriteLine("基类构造函数运行");
        }
        ~A()
        {
             Console.WriteLine("基类析构函数运行");
        }
    }
    public class B:A
    {
        public B()
        {
            Console.WriteLine("派生类构造函数运行");
        }
        ~B()
        {
            Console.WriteLine("派生类析构函数运行");
        }
    }
    class Test
    {
```

```
            static void Main(string[] args)
            {
                B b = new B();
            }
        }
    }
```

程序运行结果见图 5-2 所示。

```
C:\WINDOWS\system32\...
基类构造函数运行
派生类构造函数运行
派生类析构函数运行
基类析构函数运行
请按任意键继续. . .
```

图 5-2 程序运行结果

5.1.4 base 关键字

如果在派生类中需要调用基类的构造函数，需要使用 base 关键字。base 关键字主要用于从派生类中访问基类成员，它有两种基本用法。

① 调用基类的构造函数。在派生类的构造函数中，如果要调用基类的构造函数，可以用 base 关键字指明要调用的基类构造函数。由于基类可能有多个构造函数，根据 base 后的参数类型和个数，指明要调用哪一个基类构造函数。

如下代码中，类 B 继承类 A，其中的构造函数中通过 base 关键字调用类 A 的无参构造函数。

```
public Class B:A
{
    public B(int a,int b) :base ()
     {
         //代码
     }
}
```

② 调用基类中与派生类同名的方法。在派生类中，通过声明与基类完全相同新成员，可以覆盖基类的同名成员。覆盖基类的同名成员之后，如果需要调用基类成员，需要用 base 来访问基类中被派生类覆盖的成员。

派生类覆盖基类成员不是语法错误，但会导致编译器发出警告。这时可在方法前增加 new 修饰符，表示认可覆盖，编译器不再发出警告。

访问基类成员的另外一种方法是：通过显式类型转换。派生类是其基类的特例，可以对派生类的实例进行数据类型的转换，使其成为基类的一个实例。

上述使用方法请参考例 5-3 代码后解释。

【例 5-3】在派生类访问基类的成员。

```
using System;
using System.Text;
namespace EX5_3
{
    public class Person
    {
```

```
            public string name;
            public string sex;
            public void Display()//类的方法(函数)声明，显示姓名和年龄
            {
                Console.WriteLine("姓名:{0},性别：{1}", name, sex);
            }
            public Person(string name, string sex)//构造函数,
            {
                this.name = name;
                this.sex = sex;
            }
            public Person()//类的构造函数重载
            {
                name = "未命名";
                sex = "未知";
            }
        }
        public class Employee : Person
        {
            public  string id;//员工编号
            public  string position;
            public  double basesalary;//员工基础工资
            public Employee()
            {
                id = "999";
                position = "新员工";
                basesalary = 2500;
            }
            public Employee(string name, string sex, string id, string position, double basesalary) :
base(name, sex)
            {
                this.id = id;
                this.position = position;
                this.basesalary = basesalary;
            }
            public new void Display() //与基类相同的方法，使基类同名方法被隐藏
            {
               base.Display();
               Console.WriteLine("姓名:{0},性别:{1},员工编号:{2},职位:{3},基础工资:{4}",
base.name,base.sex, id, position, basesalary);
            }
```

```
        }
        class Test
        {
            static void Main(string[] args)
            {
                Person A = new Person("张明", "男");
                A.Display();
                Employee B = new Employee("王亮","男","010","工程师",3500);
                B.Display();
                ((Person)B).Display();//调用基类中的方法
            }
        }
    }
```

在派生类 Employee 的构造函数的后面，通过使用 base 关键字来调用基类 Person 的构造函数，语法格式如下：

```
: base(name, sex)
```

这样 Employee 继承自 Person 类的数据成员 name 和 sex 通过基类的构造函数初始化，而 id、position 和 basesalary 通过 Employee 的构造函数初始化。

在派生类中定义了与基类同名的 Display()方法，这样使基类方法被隐藏，如果要调用基类的 Display()，应使用如下语法格式如下：

```
base.Display();
```

例 5-3 代码中最后行是将派生类实例强制转换为基类的实例，在派生类覆盖了基类同名方法时，通过这种方式，可以访问基类的同名方法。

```
((Person)B).Display();
```

程序运行结果见图 5-3 所示。

图 5-3　程序运行结果

5.1.5　is 和 as 关键字

构成继承关系的基类和派生类对象之间有一个重要的特性：派生类对象可以被当作基类对象使用。这是因为派生类对象本身就是基类对象的一种特殊形式。在现实生活中也是普遍存在的，如在交通工具中，我们说轿车是汽车，但是反过来不能说汽车是轿车。

因此，以下代码是合法的：

```
Parent p; //Parent 是 Son 类的父类。
Son c = new Son ();
p = c;   //正确，子类对象可以传给父类变量
```

然而，反过来就不可以，以下代码是错误的：

```
c = p;  //错误，父类对象变量不可以直接赋值给子类变量
```

如果确信父类变量中所引用的对象的确是子类类型，则可以通过类型强制转换进行赋值，其语法格式为：

```
子类对象变量 =(子类名称)基类对象变量;
```

除此之外，C#还提供了 is 和 as 操作符是用来进行强制类型转换。

is 关键字用于检查一个对象是否兼容于指定的类型，并返回一个 bool 值：true 或者 fasle。

is 关键字语法格式：

```
对象名 is 类名
```

is 关键字的使用方法为如下格式：

```
if(obj is ClassA)
{
    ClassA a=(ClassA) obj;
    ...
}
```

as 关键字同样是进行数据类型转换，其用法如下：

```
子类对象变量 = 基类对象变量 as 子类名称;
```

例如：

```
Object obj=new Object(); //创建一个 object 对象.
ClassA a =obj as ClassA;
//将 obj 转换为 ClassA，此时转换操作会失败，不会抛出异常，但 a 会被设为 null.
```

5.2 多 态 性

面向对象程序设计中的另外一个重要概念是多态性。同一操作作用于不同的对象，可以有不同的解释，产生不同的执行结果，这就是多态性。多态性允许客户对一个对象进行操作，由对象来完成一系列的动作，具体实现哪个动作、如何实现由系统负责解释。

C#支持两种类型的多态性。

① 编译时的多态性　编译时的多态性是通过方法的重载来实现的。系统在编译时，根据传递的参数、返回的类型等信息决定具体调用哪个方法来运行。

② 运行时的多态性　运行时的多态性就是指在系统运行时，根据实际情况决定实现何种操作。

在 C#中可以不同的方式实现多态性：继承多态性；接口多态性；通过抽象类实现的多态性。

本节首先讨论继承多态，接口多态和抽象多态在后面节中介绍。

5.2.1 继承多态

继承多态是指通过在派生类中覆盖基类中的方法，以提供不同的实现过程，从而实现“多态”。

在派生类中要覆盖基类中的方法，必须在基类中将该方法声明为虚方法，即在方法的返回类型前加 virtual 关键字。

派生类中对基类的虚方法进行重新编写，即覆盖基类的虚方法，这时必须在方法的返回类型前加关键字 override。

【例 5-4】通过继承实现多态性

```
using System;
using System.Text;
namespace EX5_4
{
    public class Fruit
    {
        public virtual void Display()
        {
            Console.WriteLine("这是基类(Fruit 类)");
        }
    }
    public class Orange : Fruit
    {
        public override void Display()
        {
            Console.WriteLine("这是派生类(Orange 类)");
        }
    }
    public class Apple : Fruit
    {
        public override void Display()
        {
            Console.WriteLine("这是派生类(Apple 类)");
        }
    }
    public class Banana : Fruit
    {
        public override void Display()
        {
            Console.WriteLine("这是派生类(Banana 类)");
        }
    }
    class Program
    {
        static void Main(string[] args)
        {
            Fruit[] fruits = new Fruit[4];
            fruits[0] = new Orange();
```

```
                fruits[1] = new Apple();
                fruits[2] = new Banana();
                fruits[3] = new Fruit();
                foreach (Fruit fruit in fruits)
                    fruit.Display();//父类使用派生类的方法
            }
        }
    }
```

基类 Fruit 中包含一个虚方法 Display()，在派生类 Orange、Apple、Banana 中对重新实现了该方法，其前面使用 override 关键字表明对基类的虚方法进行重新编写，基类的方法被覆盖。在每个派生类中具体实现是不同的，在运行时统一使用 fruit.Display() 方法进行调用，运行结果不一样，从而实现了多态性。程序运行结果见图 5-4 所示。

```
C:\WINDOWS\system32\cm...
这是派生类(Orange类)
这是派生类(Apple类)
这是派生类(Banana类)
这是基类(Fruit类)
请按任意键继续. . .
```

图 5-4　程序运行结果

5.2.2　重载与覆盖的区别

覆盖与重载的实现在形式上很相似，但是二者是完全不同的两概念。

（1）重载中存在于同一类中的方法，其特征如下：

① 必存在于一个类中；

② 方法名相同；

③ 参数不同，包括参数个数不同、参数类型不同或者两者都不同；

④ 方法的返回值相同。

（2）覆盖是指派生类的方法覆盖基类的方法，其特征如下：

① 存在于派生类和基类中；

② 方法名相同；

③ 参数相同；

④ 方法的访问修饰符相同；

⑤ 基类方法必须是虚方法。

5.3　抽象类和抽象方法

5.3.1　抽象类

如果一个类不与具体的事物相联系，而只是表达一种抽象的概念，仅仅是作为其派生类的一个基类，这样的类就是抽象类。抽象类用 abstract 关键字来定义。

定义抽象类的语法格式如下：

```
public abstract class A
{
    //抽象类的代码
}
```

需要注意的是抽象类不能被实例化，只能作为其他类的基类。

5.3.2 抽象方法

在抽象类中定义方法时，如果加上 abstract 关键字，那么这个方法就是抽象方法。

抽象方法定义语法格式：

```
public abstract void Method(参数列表);
```

注意：抽象方法没有具体的实现代码，方法声明的后面是分号而且没有大括号。

抽象方法的声明只能在抽象类中。在抽象类的派生类中可以用 override 关键字覆盖抽象类的抽象方法，给出方法的具体实现。抽象类的派生类也可以是抽象类，这时派生类也可以不实现或部分实现基类的抽象方法。

例如，如下代码中，类 A 是抽象类，包含有一个抽象方法 F1。类 B 派生于抽象类 A，包含有一个实例方法 F2，所以类 B 同样是抽象方法。类 C 派生于类 A，实现了类 A 的方法 F1，所以类 C 不是抽象类。

```
abstract class A
{
    public abstract void F1();
}
abstract class B : A
{
    public void F2()
    {  }
}
class C : A
{
    public override void F1()
    {  }
}
```

5.3.3 抽象类实现多态

在抽象类中声明抽象方法，由不同的派生类实现抽象方法，各个派生类其实现方法是不同的。这样由派生类生成的不同对象调用同一种方法，其结果不同，这就体现了多态性。

【例 5-5】通过抽象类实现多态。

```
using System;
using System.Text;
using System.Threading;
namespace EX5_5
{
    abstract class Shape    //抽象基类，不可实例化
    {
        public const double pi = 3.14; //常量
        protected double x, y;         //私有，可继承变量
        public Shape()  //默认构造函数
```

```
        {
            x = y = 0;
        }
        public Shape(double x, double y) //带参数构造函数
        {
            this.x = x;
            this.y = y;
        }
        public abstract double Area(); //抽象方法，无实现代码
    }
    class Rectangle : Shape//矩形
    {
        public Rectangle()
            : base()
        {
        }
        public Rectangle(double x, double y)
            : base(x, y)//使用基类构造函数
        {
        }
        public override double Area()//实现基类的抽象方法
        {
            return (x * y);
        }
        public double length //属性：矩形长度
        {
            get { return x; }
            set
            {
                if (value > 0) { x = value; }
            }
        }
        public double width //属性：矩形宽度
        {
            get { return y; }
            set
            {
                if (value > 0) { y = value; }
            }
        }
```

```
    }
    class Ellipse : Shape//椭圆
    {
        public Ellipse(double x, double y)
            : base(x, y)//使用基类 Shape 的构造函数
        {
        }
        public override double Area()//实现基类的抽象方法
        {
            return pi * x * y;
        }
    }
    class Circle : Ellipse//圆形
    {
        public Circle(double r)
            : base(r, 0)//使用基类 Ellipse 的构造函数
        {
        }
        public override double Area() //实现基类的抽象方法
        {
            return pi * x * x;
        }
    }
    class Test
    {
        static void Main(string[] args)
        {
            double len = 2.5;//长
            double wid = 3.0;//宽
            double rad = 4.1;//半径
            Rectangle aRect = new Rectangle();//矩形
            aRect.length = len;
            aRect.width = wid;
            Circle aCirc = new Circle(rad);//圆
            Console.WriteLine("Area of Rect is:{0}", aRect.Area());
            Console.WriteLine("Area of Circ is:{0}", aCirc.Area());
            Shape shape = new Rectangle(len, wid);//椭圆
            Console.WriteLine("Area of shape is:{0}", shape.Area());
        }
    }
}
```

基类 Sharp 定义为抽象类，其中包含抽象方法 Area()。在派生类中实现了基类中的抽象方法 Area()，不同的派生类提供了不同的实现过程，使得对不同图形都可以进行面积的计算，体现出了多态性，这种多态是通过抽象类实现的多态。

5.4 接 口

C#不支持多重继承，但是客观世界出现多重继承的情况又比较多。为了避免传统的多重继承给程序带来的复杂性等问题，C#提出了接口的概念。通过接口可以实现多重继承的功能。

C#接口定义的就是一种约定，定义了对象必须实现的方法，使得实现接口的类或结构在形式上保持一致，使用接口可以使程序更加清晰和有条理。

5.4.1 接口的声明

接口在语法上与抽象类相似。接口中只能包含方法、属性、索引器和事件的声明，没有方法的实现，也没有构造函数。

定义接口的语法格式：

```
修饰符 interface 接口名称 [:继承的接口列表]
 {
  ……//接口成员的声明
 }
```

其中，除 interface 和接口名称，其他的都是可选项。一个接口可以从一个或多个接口继承。

说明：

① 接口不可以使用 private、protected 或 protected internal 访问修饰符；

② 接口成员可以是方法、属性、索引器和事件，但不可以有构造函数、析构函数、常量、字段。接口成员默认是公共的，所以不允许使用任何访问修饰符；

③ 接口成员不能有任何代码体，其实现过程必须在实现接口的类中实现；

④ 接口不能被实例化。

下面代码定义了一个有关平面图形的接口：

```
public interface IShape
    {
        string kind //描述图形的属性
        {
            get;
        }
        float Circumference(); //求图形周长的方法
        float Area();       //求图形面积的方法
        void display();   //输出图形信息
    }
```

在接口声明中包含一个只读属性和 3 个方法，声明的属性和方法没有任何代码，继承此接口的类中必须实现这些属性和方法。

5.4.2 接口的实现

接口定义了方法、属性等成员，但是没有提供实现。为了实现接口，可以从接口派生类。这样的派生类必须为所有接口的方法提供实现，除非派生类声明为抽象的。通过从多个接口派生类可以实现多重继承。

接口实现的语法格式如下：

```
[访问修饰符] class  类名:接口 1[,接口 2 等]
{
……//类成员
}
```

下面的例子中，根据定义的有关平面图形的接口，派生出两不同的类 Square 和 Circle。在两个类中，对接口中定义的属性和方法提供了不同的实现，体现出通过接口实现的多态性。

【例 5-6】实现接口 IShspe

```
using System;
using System.Text;
namespace InterfaceOfShape
{
    public interface IShape
    {
        string kind    //描述图形的属性
        {
            get;
        }
        float Circumference();//求图形周长的方法
        float Area();//求图形面积的方法
        void display();//输出图形信息
    }
    public class Square : IShape
    {
        private float length;//私有变量：图形的长和宽
        private float width;//
        public float Length//将私有变量封装为属性
        {
            get { return length; }
            set { length = value; }
        }
        public float Width
        {
            get { return width; }
            set { width = value; }
        }
```

```
        public string kind//实现接口中定义的属性
        {
            get { return  "这是一个矩形,长为"+length+"宽为"+width; }
        }
        public float Circumference()//实现了接口中定义的方法
        {
            return (length + width)*2;
        }
        public float Area()
        {
            return length * width;
        }
        public void display()//输出图形的信息
        {
            Console.WriteLine(this.kind);
            Console.WriteLine("面积是{0},周长是{1}", Area(), Circumference());
        }
    }
    public class Circle : IShape
    {
        private float radius;
        public float Radius
        {
            get { return radius; }
            set { radius = value; }
        }
        public string kind
        {
            get { return "这是一个圆形,半径是" +radius.ToString(); }
        }
        public float Circumference()
        {   //系统中的 PI 为双精度，需转换为 float
            return radius*radius *(float)Math.PI;
        }
        public float Area()
        {
            return radius*2*(float)Math.PI;
        }
        public void display()
        {
            Console.WriteLine(kind);
```

```
                Console.WriteLine("面积是{0},周长是{1}", Area(), Circumference());
            }
        }
        class Test
        {
            static void Main(string[] args)
            {
                Square s1 = new Square();
                s1.Length = 2;
                s1.Width = 3;
                s1.display();
                Circle c1 = new Circle();
                c1.Radius = 2;
                c1.display();
            }
        }
    }
```

上述代码中，类 Square 和类 Circle 实现了接口 IShape 中定义的所有成员，包括属性和方法，类中的方法名和属性名与接口中完全一致。程序运行结果见图 5-5 所示。

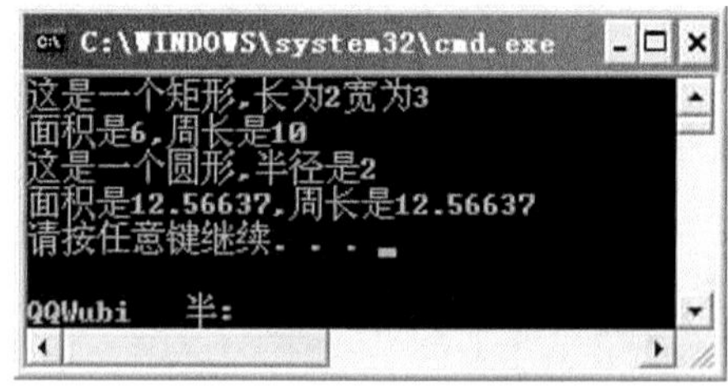

图 5-5 程序运行结果

5.5 委 托

在 C#中，委托（delegate）是一种引用类型，在其他语言中，与委托最接近的是函数指针，但委托不仅存储对方法入口点的引用，还存储对用于调用方法的对象实例的引用。简单地讲，委托（delegate）是一种类型安全的函数指针。

5.5.1 C 语言中的函数指针

在 C 语言中使用过函数指针，下面通过函数指针的例子来引入委托的概念。

首先，定义两个函数，分别用于求两个数的最大值和最小值。

```
int Max(int x,int y)
{
return x>y?x:y;
}
int Min(int x,int y)
```

```
{
return x<y?x:y;
}
```

上面两个函数的特点是：函数的返回值类型及参数列表都一样。那么，可以使用函数指针来指向这两个函数。下面可以建立一个函数指针，这个函数指针可以指向上述任意一个函数，代码如下所示：

```
int (*p)(int,int); //定义一个函数指针
```

前面定义一个函数指针，并声明该指针可以指向的函数的返回值为 int 类型，参数列表中包括两个 int 类型的参数。定义了函数指针之后，可以这样来使用：

```
int a,b;
p=Max; //让指针 p 指向 Max 函数
a=(*p)(5,6); //利用函数指针调用 Max
p=Min; //让指针 p 指向 Max 函数
b=(*p)(5,6); //利用函数指针调用 Min
```

在上面的代码中，为什么不直接使用 Max 函数，而是利用一个指针指向 Max 之后，再利用指针调用 Max 函数呢？

实际上，使用指针的方便之处就在于，在应用时可以让指针 p 指向 Max，在后面的代码中，还可以利用指针 p 再指向 Min 函数，但是不论 p 指向的是谁，调用 p 时的形式都一样，这样可以很大程度上减少判断语句的使用，使代码的更简洁，增强了代码的可读性。

5.5.2　委托建立

在 C#中，可以使用委托（delegate）来实现函数指针的功能。也就是说，可以像使用函数指针一样，在运行时利用 delegate 动态指向具备相同签名的方法（所谓的方法签名，是指一个方法的返回值类型及其参数列表的类型）。

建立委托的过程如下：

① 委托声明，声明该委托可以指向的方法的返回值类型、参数的个数、类型和顺序，即方法的签名。

② 建立委托的实例，并指向要调用的方法。

③ 利用委托类实例调用所指向的方法。

【例 5-7】委托的应用

```
using System;
using System.Text;
namespace Mydelegate
{
    delegate int mydelegate(int a, int b);//声明一个委托类型
    class Test
    {
        static   int Max(int x, int y)//求最大值方法
        {
            return x > y ? x : y;
        }
```

```
        static  int Min(int x, int y)//求最小值方法
        {
            return x < y ? x : y;
        }
        static void Main(string[] args)
        {
            mydelegate md = new mydelegate();//创建委托实例并指向方法
            md=Max;
            Console.WriteLine("max is {0}",md1(4, 2));//委托的调用
            md=Min;//将委托实例指向 Min 方法
            Console.WriteLine("min is {0}", md(4, 2));
        }
    }
}
```

上面程序中，首先声明了委托 mydelegate，然后定义了与委托相匹配的两个方法。随后创建委托实例并指向相应的方法，最后调用委托实例。程序运行结果见 5-6 所示。

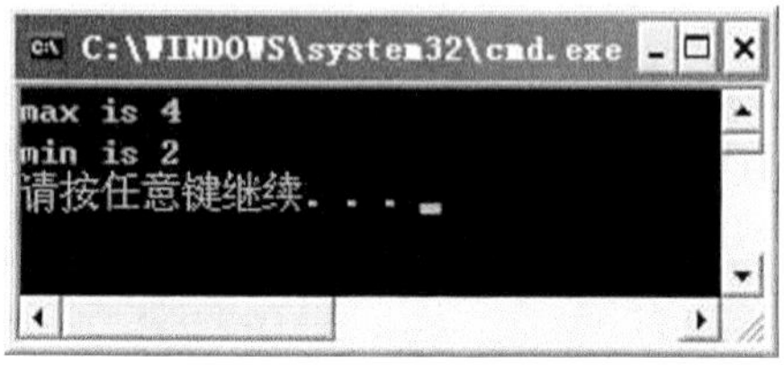

```
C:\WINDOWS\system32\cmd.exe
max is 4
min is 2
请按任意键继续. . .
```

图 5-6　程序运行结果

5.5.3　使用多播委托

一个委托对象指向一个方法时，在调用该委托对象的时候就会调用它所指向的方法。如果委托对象指向多个方法，就称为多播委托。当执行多播委托的时候，该委托就会依次执行该委托指向的多个的方法。

多播委托可以使用“+=”运算符向委托添加调用的方法，也可以使用“－=”运算符从委托列表中删除相应的方法。

下面的例子演示了多播委托的使用方法。

【例 5-8】多播委托的应用。

```
using System;
using System.Text;
namespace MultiDelegate
{
    delegate void delegate_Compute(int a,int b);//委托声明，返回值类型为 void
    class Compute   //类中提供了四则运算
    {
        public  static void Add(int i, int j)
        {
            int result;
            result = i + j;
            Console.WriteLine("两数之和是:{0}", result);
        }
        public  static void Subtract(int i, int j)
```

```
        {
            int result;
            result = i - j;
            Console.WriteLine("两数之差是:{0}", result);
        }
        public  static void Multiply(int i, int j)
        {
            int result;
            result = i * j;
            Console.WriteLine("两数之积是:{0}", result);
        }
        public  static void Divide(int i, int j)
        {
            int result;
            result = i / j;
            Console.WriteLine("两数之商是:{0}", result);
        }
    }
    class Program
    {
        static void Main(string[] args)
        {
            delegate_Compute d1; //d1 为委托实例
            d1 = Compute.Add;    //为委托添加方法
            d1 += Compute.Subtract;
            d1 += Compute.Multiply;
            d1 += Compute.Divide;
            d1(5, 6);  //调用委托
            d1 -= Compute.Divide;  //在委托中移除方法
            Console.WriteLine("移除方法 Divide 后:");
            d1(5, 6);
        }
    }
}
```

上面例子中，首先定义了一个委托 delegate_Compute，在 Computer 类中定义了实现四则运算的四个方法。在 Main 方法中先实例化委托 d1，然后将 Computer 类的四个方法添加到 d1 中，然后调用委托 d1(5,6)，这就依次执行了添加到委托中的四个方法。当在委托中移除除法运算后，再次调用委托，除法运算将不再执行。程序运行结果见图 5-7 所示。

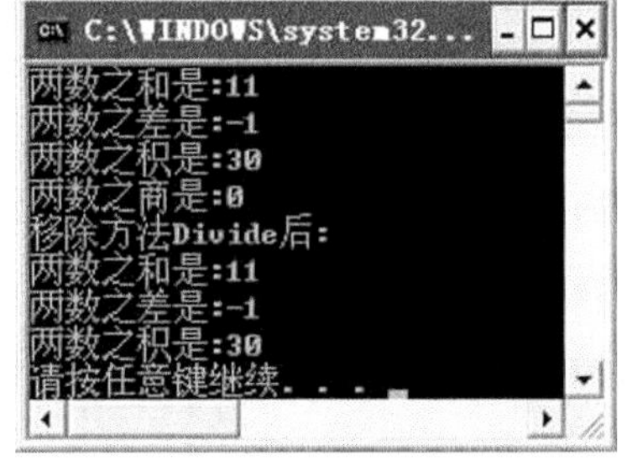

图 5-7 程序运行结果

5.6 异常处理

异常是程序运行中发生的错误，导致程序出现不完善或者不需要的结果。例如参数格式错误、变量超出范围等。异常处理就是编程人员对能够预知可能发生的特殊情况，在异常发生时能妥善处理，从而保证程序的健壮性和可用性。异常处理使得程序更可靠，因此异常处理是程序设计的一部分。

C#中异常由 Exception 派生的类表示，当程序中发生一个异常时，就会生成异常类的一个实例。

Exception 类的常用属性包括：

① StackTrace 属性　此属性包含可用来确定错误发生位置的堆栈跟踪。如果有可用的调试信息，则堆栈跟踪包含源文件名和程序行号；

② InnerException 属性　此属性可用来在异常处理过程中创建和保留一系列异常；

③ Message 属性　此属性提供有关异常起因的详细信息。Message 用引发异常的线程的 Thread.CurrentUICulture 属性所指定的语言表示；

④ Data 属性　此属性是可以保存任意数据（以键值对的形式）的 IDictionary。

下面简单介绍几个常见的异常类：

① ArgumentException 类　该类用于处理参数无效的异常，除了继承来的属性名，此类还提供了 string 类型的属性 ParamName 表示引发异常的参数名称；

② FormatException 类　该类用于处理参数格式错误的异常；

③ IndexOutOfException 类　该类用于处理下标超出了数组长度所引发的异常；

④ ArrayTypeMismatchException 类　该类用于处理在数组中存储数据类型不正确的元素所引发的异常；

⑤ RankException 类　该类用于处理维数错误所引发的异常；

⑥ IOException 类　该类用于处理进行文件输入输出操作时所引发的异常；

⑦ DirectionNotFoundException 类　用于处理没有找到指定的目录而引发的异常；

⑧ FileNotFoundException 类　用于处理没有找到文件而引发的异常；

⑨ EndOfStreamException 类　用于处理已经到达到文件流的末尾时还要继续读数据而引发的异常；

⑩ FileLoadException 类　该类用于处理无法加载文件而引发的异常；

⑪ PathTooLongException 类　该类用于处理由于文件名太长而引发的异常；

⑫ DivideByZeroException 类：表示试图用零除整数值或十进制数值时引发的异常；

⑬ NotFiniteNumberException 类：表示浮点数运算中出现无穷大或者非负值时所引发的异常。

经常使用到的异常处理语句有 throw 语句、try…catch 语句和 try…catch…finally 语句。

5.6.1 try…catch 语句

将可能引发异常的代码放在 try 块中，而将处理异常的代码放在 catch 块中。try…catch 语法格式为

```
try
{
// 可能引发异常的代码
```

```
}
catch（异常类名　异常变量名）
{
// 用于处理异常的代码
}
```

【例 5-9】在这个控制台应用程序中，先获取输入的值，然后将获取到的值使用 Convert.ToInt32 语句转换成整型。如果出现异常就会被 catch 捕获，然后输出异常信息。

```
static void Main(string[] args)
{
    try
    {
        Console.WriteLine("try_catch 使用演示");
        Console.Write("请输入第一个数：");
        string strInput = Console.ReadLine();
        int intInput = Convert.ToInt32(strInput);
        Console.WriteLine("输入的数值是{0}", intInput);
        Console.WriteLine("try/catch 块测试正常");
    }
    catch (Exception ex)
    {
        Console.WriteLine("捕获到的异常：{0}", ex.Message);
    }
}
```

运行上程序，当用户正确输入时，程序正常运行。如果用户输入了非数学字符便会出现异常，异常信息将会输出。程序执行结果如图 5-8 所示。

图 5-8　异常处理运行结果

5.6.2　try…catch…finally 语句

发生异常时，程序会终止运行。从上例中可以看出，出现异常时 try 代码块中部分语句没有执行。在某些情形下，需要在程序终止运行前必须运行一些代码，如释放资源等，这时要用到 finally 语句。

将可能引发异常的语句放在 try 块中，将处理异常的语句放在 catch 块中，将必须总是执行的语句（如资源清理）放在 finally 块中的。finally 总是执行，不论是否有异常发生。try…catch…finally 语法格式为：

```
try
{
```

```
// 可能出现异常的语句
}
catch（异常类名 变量名）
{
// 处理异常的语句
}
……
finally
{
// 总是执行的语句
}
```

【例 5-10】在例 5-9 程序中添加 finally 语句，完整代码如下：

```
static void Main(string[] args)
{
    try
    {
        Console.WriteLine("try_catch 使用演示");
        Console.Write("请输入数字：");
        string strInput = Console.ReadLine();
        int intInput = Convert.ToInt32(strInput);
        Console.WriteLine("输入的数值是{0}", intInput);
        Console.WriteLine("try/catch 块测试正常");
    }
    catch (Exception ex)
    {
        Console.WriteLine("捕获到的异常：{0}", ex.Message);
    }
    finally
    {
        Console.WriteLine("执行 finally 块中语句");
    }
}
```

运行程序，可以看到不管是否出现异常，finally 语句块中代码总是要执行。

5.6.3 throw 语句

大多数情况下，异常都是由程序产生的。有时候需要手动抛出异常，C#使用 throw 语句主动引发一个异常，也可以使用 throw 语句再次引发捕获的异常，主动抛出的异常可以添加更多信息以辅助调试。

throw 语法格式为

```
throw ExObject // ExObject 抛出的异常对象
```

【例 5-11】本程序实现两个数的除法，当除数为 0 时，由 throw 语句主动抛出异常。代码中使用了 new 关键字创建了 DivideByZeroException 类的一个实例。

```
static void Main(string[] args)
{
    Console.WriteLine("throw 语句的应用---除法运算");
    Console.Write("输入第一个数：");
    double var1 = double.Parse(Console.ReadLine());
    Console.Write("输入第二个数：");
    double var2 = double.Parse(Console.ReadLine());
   try
    {
        if (var2 == 0)
            throw new System.DivideByZeroException();
        double division = var1 / var2;
        Console.WriteLine("结果是{0}", division);
    }
    catch (Exception ex)
    {
        Console.WriteLine(ex.Message);
    }
}
```

图 5-9 为程序运行结果。

5.6.4　自定义异常

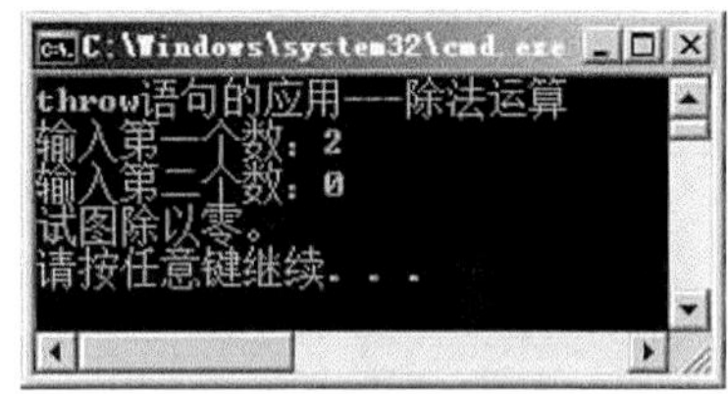

图 5-9　程序运行结果

.NET 框架提供从根基类 Exception 派生的异常类层次结构，这些类中的每一个都定义了一个特定的异常，因此在很多情况下只需捕获该异常。如果有特殊需要，也可以通过从 ApplicationException 类派生来创建自己的异常类。创建自己的异常类时，一般在用户自定义的异常类名的结尾加上“Exception”这个词。

【例 5-12】在示例中，自定义异常类 EmailException 从 System.ApplicationException 派生，该类中定义了一个构造函数，构造函数中并没有写任何代码，而是通过 base 关键字调用基类的构造函数。程序中要求输入合法的 E-mail 地址，如果输入错误，会抛出异常。

```
using System;
using System.Text;
namespace Ex5_12
{
  public class EmailException : ApplicationException
  {
    public EmailException(string message) : base(message)
    { }
  }
```

```
class Program
{
    static void Main()
    {
        Console.WriteLine("请输入 Email 地址");
        string email = Console.ReadLine();
        string[] substrings1 = email.Split('@');
        try
        {
            if (substrings1.Length != 2)
            {
                throw new EmailException("地址错误,E-mail 地址应该有字符@。");
            }
            else
            {
                string[] substrings2 = substrings1[1].Split('.');
                if (substrings2.Length != 2)
                throw new EmailException("地址错误,E-mail 地址应该有字符.。");
            }
            Console.WriteLine("输入正确");
        }//try 语句结束
        catch (EmailException ex)
        {
            Console.WriteLine(ex.Message);
        }
    } //Main 方法结束
}Class Program 结束
}
```

程序运行结果见图 5-10 所示。

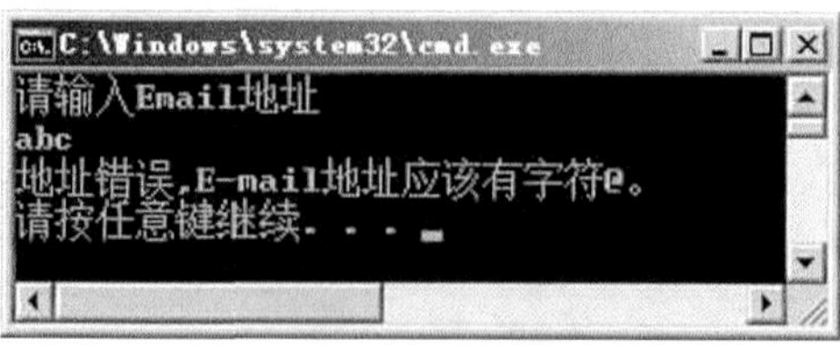

图 5-10 程序运行结果

习 题 5

一、选择题

1. 为了解决多继承的现象，C#中可以使用（　　）。

A. 属性　　B. 接口　　C. 继承　　D. 多态

2. 如果派生类中的方法需要覆盖基类中的同名方法，则（　　）。

A．基类中方法必须是虚方法。

B．派生类方法与要覆盖基类中的方法名不同。

C．派生类中的方法与要覆盖基类的访问修饰符不同。

D．派生类中的方法的参数与要覆盖基类中的方法的参数不同。

3．在C#中，下列关于抽象类和接口的说法，正确的是（　　）。

A．在抽象类中，所有的方法都是抽象方法。

B．继承于抽象类的子类（非抽象类）必须实现其父类（抽象类）中的所有抽象方法。

C．在接口中，可以有方法实现，在抽象类中不能有方法实现。

D．一个类可以从多个接口继承，也可以从多个抽象类继承。

4．在C#的语法中，（　　）关键字可以实现在派生类中对基类的虚函数进行覆盖。

A．override　　B．new　　C．static　　D．virtual

5．以下说法正确的是（　　）。

A．接口成员必须用public访问修饰符来定义。

B．抽象类中可以不包含抽象方法。

C．抽象方法不能包含具体代码的实现。

D．C#中一个类不能同时派生自多个类，一个类也不能实现多个接口。

6．关于抽象方法描述中，下列哪个是正确的（　　）。

A．可以有方法体　　B．是没有方法体的方法

C．可以出现在非抽象类中　　D．抽象类中的方法都是抽象方法

7. 在开发某图书馆的图书信息管理系统的过程中，开始为教材类图书建立一个TextBook类；现在又增加了杂志类图书，需要改变设计，则下面最好的设计应该是（　　）。

A．建立一个新的杂志类Journal。

B．建立一个新的杂志类Journal，并继承TextBoook类。

C．建立一个基类Book和一个新的杂志类Journal，使Journal类和TextBoook类都继承于Book类。

D．不建立任何类，把杂志图书的某些特殊属性加到TextBoook类中。

8．在定义类时，如果希望类的某个方法能够在派生类中进一步改进，以处理不同的派生类的需要，则应将该方法声明成（　　）。

A．sealed方法　　B．public方法　　C．virtual方法　　D．override方法

二、简答题

1．什么是类的继承性？怎样定义派生类？

2．派生类中是否能继承基类中的构造函数？如果不能将如何在派生类中使用基类中的构造函数？

3．什么是多态性？多态性的作用是什么？

三、定义一个车辆（Vehicle）基类，具有Run、Stop等方法，具有Speed（速度）、MaxSpeed（最大速度）、Weight（重量）等属性。然后以该类为基类，派生出bicycle、car等类。编程对该派生类的功能进行验证。

案例实训5　类的继承和抽象类的使用

一、实训目的

深刻理解继承的意义和实现方法，掌握抽象类及抽象方法的定义，理解使用抽象类的

好处。

二、实训内容

学校教学管理系统中存在3种用户，分别为学生、教师和系统管理员。其中系统管理员可在系统中添加、修改、删除学生对象及教师对象。利用C#抽象类和类的继承的知识编写上述用户的类。

系统中学生及教师类既有相同的属性和方法，又有不同的属性、方法，系统管理员对上述两个类的对象的操作也是相似的。为此，在类的设计中引入抽象类作为学生和教师的基类。

（1）新建一个Windows控制台应用程序项目，命名为Train5，在项目中添加一个抽象类，类名为User。该抽象类中有用户名Name和Password两个属性和一个构造函数，构造函数中将Password初始化为“123456”，抽象类中有一个抽象方法DisplayInfo()，注意抽象方法的语法形式。

```
using System;
using System.Text;
namespace Train5
{
    abstract public class User
     {
          private string name;
          public string Name
          {
               get { return name; }
               set { name = value; }
          }
          private string password;
          public string Password
          {
               get { return password; }
               set { password = value; }
          }
          public User()
          {
               password = "123456";
          }
          public abstract void DisplayInfo();//抽象方法
     }
```

（2）编写学生Students类及教师Teacher类，两个类将抽象类User作为基类。两个类中添加了不同的属性，同时又对实现了抽象方法DisplayInfo()。

```
public class Student : User
{
     private string stuID;
     public string StuID
```

```
        {
            get { return stuID; }
            set { stuID = value; }
        }
        private string major;
        public string Major
        {
            get { return major; }
            set { major = value; }
        }
        public override void DisplayInfo() //实现抽象类中的抽象方法
        {
            Console.WriteLine("学生姓名：{0}，初始密码是：{1},专业是：{2}.", base.
Name,base.Password,this.Major );
        }
    }
    public class Teacher : User
    {
        private string depart;
        private string staffID;
        public string StaffID
        {
            get { return staffID; }
            set { staffID = value; }
        }
        public string Depart
        {
            get { return depart; }
            set { depart = value; }
        }
        public override void DisplayInfo()
        {
            Console.WriteLine("教师姓名：{0}，初始密码是：{1},部门是：{2}.", base.
Name,base.Password,this.Depart);
        }
    }
```

（3）编写系统管理员类 SysManager。在这个类中，定义了 login()方法，该方法模拟了管理员登录验证用户名和密码。

在类中定义了一个抽象类 User 的一个变量，注意在这里并没有创建类的实例，因为抽象类不能实例化。正因为定义的是抽象类的变量，添加一个学生或教师的方法才可以统一用以下代码来实现：

```
public void InsertUser(User user)
{
    this.user = user;
}
```

上述代码也体现了抽象类的多态性。这样做的好处是即使以后系统需求发生改变，对Students、Teacher类进行了修改，或是又增加了更多的类，但是管理员类SysManager的方法不用修改，体现出了使用抽象类的优点。

SysManager类的代码：

```
public class SysManager
{
    private User user;
    public bool login(string username,string password)
    {
        if (username.Equals("admin") && password.Equals("admin"))
        {
            Console.WriteLine("系统管理员登录。");
            Console.WriteLine("--------------------------------");
            return true;
        }
        else
        {
            Console.WriteLine("用户名或密码错误!");
            return false;
        }
    }
    public void InsertUser(User newuser)
    {
        this.user = newuser;
    }
    public void display(User user)
    {
        user.DisplayInfo();
    }
}
```

（4）在 Program 类对上述类进行测试 首先生成 SysManager 类的实例，调用其 login()方法。然后生成一个 Student 类的实例，调用 SysManager 类的 InsertUser 方法添加一个学生记录，再调用 display()方法输出学生记录的信息。依据相同的方法添加一个教师记录。

对照 SysManager 对两个不同类的操作，可以看到，不管是哪个类，其操作方法是一致的。

```
class Program
{
```

```
        static void Main(string[] args)
        {
            string username, password;
            SysManager manager = new SysManager();
            username = "admin";
            password = "admin";
            if (manager.login(username, password))
            {
                Console.WriteLine("登录成功");
            }
            else
            {
                return;
            }
            Console.WriteLine("添加学生记录");
            Student stu = new Student();
            stu.Name = "张同学";
            stu.StuID = "000100";
            stu.Major = "数学与计算机系";
            manager.InsertUser(stu);
            manager.display(stu);
            Console.WriteLine("添加教师记录");
            Teacher teacher = new Teacher();
            teacher.Name = "王老师";
            teacher.StaffID = "100100";
            teacher.Depart = "中文系";
            manager.InsertUser(teacher);
            manager.display(teacher);
            manager.display(stu);
        }
    }
```

代码编写完成后，编译程序，正确无误后按【Ctrl+F5】运行程序，程序运行结果见图 5-11 所示。

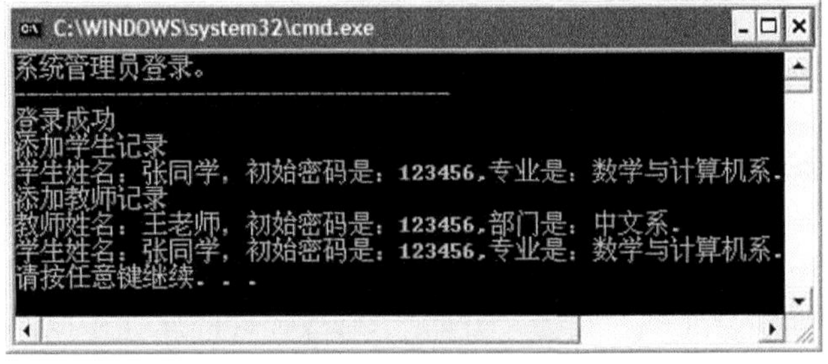

图 5-11 程序运行结果

第 6 章　Windows 应用程序

前面章节中编写的程序都是属于控制台应用程序。控制台应用程序运行时的输入、输出是通过命令行方式实现的，用户需要通过键盘输入相应指令来运行程序，程序的运行结果也以字符形式输出。现在大多数应用程序都是可视化应用程序，通过一个或多个窗体作为用户界面同用户进行交互，使得应用程序更直观、易于使用。本章详细介绍开发 Windows 应用程序的方法、步骤以及 C#中常用控件的属性、方法。

6.1　Windows 应用程序开发步骤

设计 Windows 应用程序通常包括以下几个步骤：①创建 Windows 窗体应用程序；②在窗体中添加控件，设计用户界面；③为控件添加事件处理程序。

下面以一个简单的窗体应用程序为例，介绍用 C# 编写 Windows 应用程序的全过程。

6.1.1　创建项目

打开【新建项目】对话框，在“项目类型”列表框中选择 Visual C#，在“已安装的模板”栏中选择“Windows 窗体应用程序”模板，见图 6-1 所示。选择目录位置，输入项目名称“HelloWorld”，按【确定】关闭对话框。

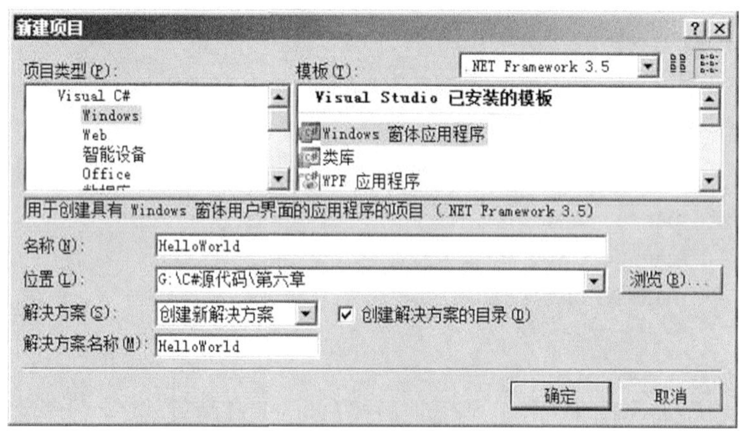

图 6-1　新建项目

6.1.2　用户界面设计

建立项目后，系统自动生成一个空白窗体，选定这个窗体后，用户可以改变窗体的大小和其他外观（后面会详细介绍）。在窗体中添加 button 控件、TextBox 控件和两个 Label 控件。方法是在左侧工具箱中找到相应控件双击或者拖到窗体中。将 Label1 控件的 Text 属性设为“姓名：”，将 button1 的 Text 属性设为“开始”。修改控件的属性在控件的属性窗口进行，如果属性窗口没有打开，在菜单中选择【视图】→【属性窗口】打开属性窗口，图 6-2 中所示为修改 button1 按钮的“Text”属性。

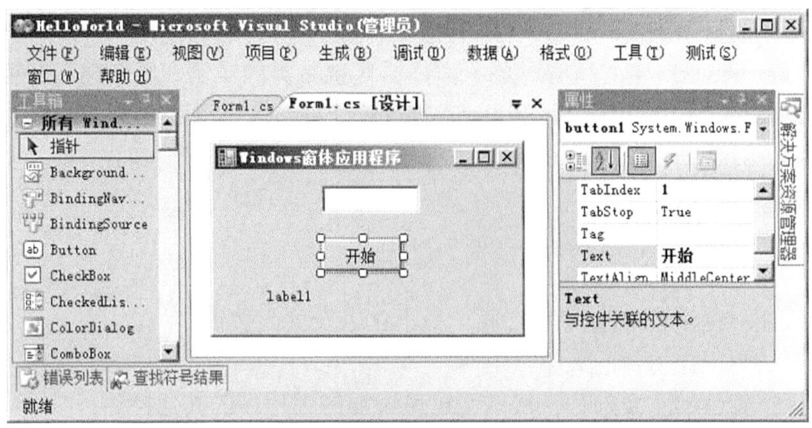

图 6-2　窗体设计

6.1.3　编写程序代码

在窗体中双击 button1 按钮，系统自动进入代码文件窗口，并且生成了关于 button1 按钮的鼠标单击事件处理程序。

在方法体内输入如下代码：

```
private void button1_Click(object sender, EventArgs e)
{
    //在此处输入用户代码
    string yourname = textBox1.Text; //取得文本框中用户输入的内容
    label1.Text = yourname+",欢迎你进入 C#窗体程序设计";//在标签控件中显示
}
```

6.1.4　编译运行

代码完成之后，就可以对程序进行编译，编译通过之后按【F5】（开始调试）或【Ctrl+F5】（开始执行），在程序窗口的输入姓名，单击按钮，最后效果如图 6-3 所示。

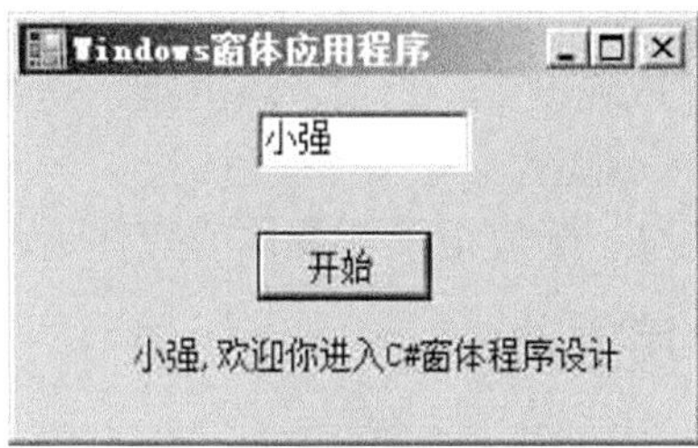

图 6-3　程序运行结果

6.2　Windows 窗体

窗体是 Windows 应用程序的基础，是用户和应用程序进行交互的主要载体。一般来说 Windows 应用程序都有一个或多个窗体。窗体是一小块屏幕区域，通常为矩形，可用来向用户显示信息并接受用户的输入。窗体可以是标准窗口、多文档界面（MDI）窗口、对话框或

图形化应用程序的显示表面。

与.NET Framework 中的所有对象一样，窗体也是类的实例。在新建一个窗体时，就是新建了一个窗体类，这个类继承于 System.Windows.Forms。当新建一 Windows 应用程序项目时，系统会自动创建一个为默认名为 Form1 的 Windows 窗体实例。在程序运行时，显示的是这个类的实例。

Windows 窗体通常以下 4 部分组成。

- 标题栏：显示窗体的标题。
- 控制按钮：提供窗体最大化/还原、最小化以及关闭按钮。
- 边界：边界限定窗体的大小。
- 窗口区：窗体的主要部分，可以在这里添加应用程序的其他控件。

6.2.1 Windows 窗体的基本属性

窗体的属性有很多，主要介绍其中常用的属性，其他属性请参考 MSDN 帮助。

（1）Name 属性：用来获取或设置窗体的名称，在应用程序中可通过 Name 属性来引用窗体，Name 的命名应用遵循 C#标识符的规定，在同一项目中应该唯一。

（2）WindowState 属性：用来获取或设置窗体的窗口状态。取值有三种：Normal（窗体正常显示）、Minimized（窗体以最小化形式显示）和 Maximized（窗体以最大化形式显示）。

（3）StartPosition 属性：用来获取或设置运行时窗体的起始位置。默认的起始位置是 WindowsDefaultLocation。

（4）Text 属性：该属性是一个字符串属性，用来设置或返回在窗口标题栏中显示的文字。

（5）Width 和 Height 属性：用来获取或设置窗体的宽度和高度。

（6）Left 和 Top 属性：用来获取或设置窗体的左边缘的 x 坐标和上边缘的 y 坐标（以像素为单位）。

（7）ActiveControl 属性：用来获取或设置容器控件中的活动控件。窗体也是一种容器控件，在窗体上可添加多种控件，在程序中可通过该属性来访问这些控件。

（8）BackgroundImage 属性：用来获取或设置窗体的背景图像。

（9）Font 属性：用来获取或设置控件显示的文本的字体。

（10）ForeColor 属性：用来获取或设置控件的前景色。

（11）Visible 属性：用于获取或设置一个值，该值指示是否显示该窗体或控件。值为 true 时显示窗体或控件，为 false 时不显示。

（12）IsDisposed 属性：获取一个值指示该窗体或控件是否已被释放。

6.2.2 Windows 窗体常用方法

下面介绍一些窗体的最常用方法。

（1）Show 方法　作用是让窗体显示出来，其调用格式为：窗体名.Show()。

（2）Hide 方法　作用是把窗体隐藏出来，其调用格式为：窗体名.Hide()。

（3）Refresh 方法　作用是刷新并重画窗体，其调用格式为：窗体名.Refresh()。

（4）Activate 方法　作用是激活窗体并给予它焦点。其调用格式为：窗体名.Activate()。

（5）Close 方法　作用是关闭窗体。其调用格式为：窗体名.Close()。

（6）ShowDialog 方法　作用是将窗体显示为模式对话框。其调用格式为：窗体名.ShowDialog()。

6.2.3　Windows 窗体常用事件

（1）Load 事件：该事件在窗体加载到内存时发生，即在第一次显示窗体前发生。

（2）Activated 事件：该事件在窗体激活时发生。

（3）Deactivate 事件：该事件在窗体失去焦点成为不活动窗体时发生。

（4）Resize 事件：该事件在改变窗体大小时发生。

（5）Paint 事件：该事件在重绘窗体时发生。

（6）Click 事件：该事件在用户单击窗体时发生。

（7）DoubleClick 事件：该事件在用户双击窗体时发生。

（8）Closed 事件：该事件在关闭窗体时发生。

6.2.4　在项目中添加窗体、设置启动窗体

（1）添加窗体　在一个应用程序中往往包含多个窗体，建立项目时，系统会自动生成一个默认的窗体，需要添加窗体时，可以按如下步骤添加。

① 在菜单中选择【项目】→【添加 Windows 窗体】，打开“添加新项”对话框（见图 6-4），在左侧类别中选择“Windows Forms”，右侧模板中选择“Windows 窗体”，单击确定，项目中会添加了一个新的窗体。

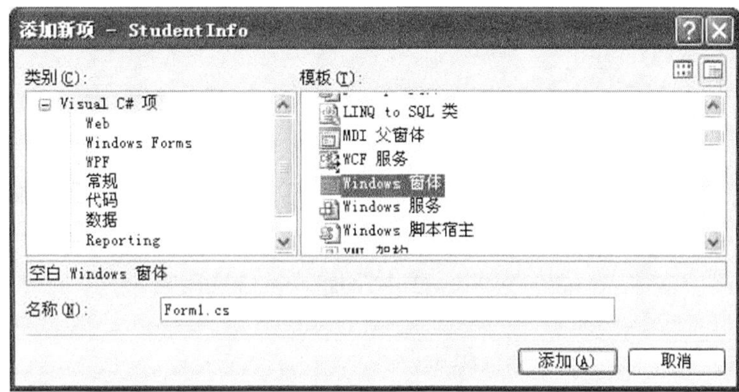

图 6-4　添加新窗体

② 重复上述步骤，可以继续向项目中添加更多的窗体。

（2）设定启动窗体　默认情况下，项目中建立的第一个窗体是启动窗体，程序运行时启动窗体首先显示出来，启动窗体关闭，整个应用程序也就关闭了。如果要更改启动窗体，需要打开 Program.cs 文件。该文件中的代码主要是定义了 Program 类，它包含 Main()入口主程序，其代码如下：

```
static class Program
    {
        /// <summary>
        /// 应用程序的主入口点。
        /// </summary>
        [STAThread]
        static void Main()
```

```
        {
            Application.EnableVisualStyles();
            Application.SetCompatibleTextRenderingDefault(false);
            Application.Run(new Form1());//显示 Form1
        }
    }
```

Main()方法中最重要的语句为：

```
Application.Run(new Form1());
```

它创建窗体 Form1 对象，并把它作为程序界面来运行应用程序。如果设定 Form2 为启动窗体，上述语句应修改为：

```
Application.Run(new Form2());
```

6.2.5 窗体的显示与隐藏

在项目中若包含了多个窗体，需要对不同窗体的显示与隐藏进行控制。要显示某个窗体，需要先建立该窗体的类对象，再用 Show 方法打开窗体。

如要显示 Form2 窗体，控制代码如下：

```
Form2 frm2=new form2();//建立 Form2 的对象
frm2.Show();
```

窗体的隐藏需要使用 Hide 方法，如果要隐藏自身，使用如下代码来实现。

```
this.Hide();
```

【例 6-1】窗体的显示与隐藏

步骤：

① 新建 Windows 应用程序项目，在 Form1 中添加两个按钮控件，其 Text 属性设为“显示 Form2”和“隐藏 Form2”。

② 为项目添加窗体 Form2。在 Form2 中添加一个 Label 控件，其 Text 属性设为“第二个窗体”。

分别双击两按钮，添加事件处理程序，代码如下：

```
Form2 frm2 = new Form2();
private void button1_Click(object sender, EventArgs e)
{
    if (frm2.IsDisposed) //判断第二个窗体是否已经关闭
    {
        frm2 = new Form2();//如果已经关闭，重新实例化
        frm2.Show();//显示
    }
    else
    frm2.Show();
}
private void button2_Click(object sender, EventArgs e)
{
    frm2.Hide();//隐藏
}
```

代码编写完成之后运行程序，程序运行结果见图6-5所示。

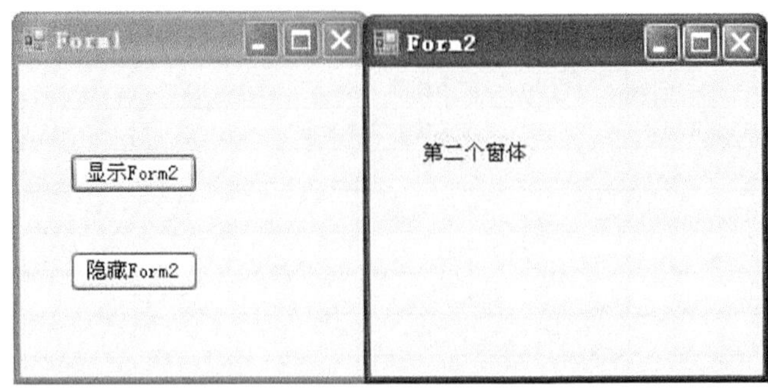

图6-5 程序运行结果

6.3 Windows控件概述

控件是构成用户界面的基本元素，如常见的标签、文本框、按钮等，使用控件可以高效开发 Windows 应用程序。熟练掌握常用控件的属性、事件和方法，对开发 Windows 应用程序显得非常重要。

Visual Studio 2008 的工具箱中包含了建立应用程序的各种控件。除了系统默认提供的多种控件外，C#还有许多扩展控件，用户如果需要，可以在菜单选择【工具】→【选择工具箱项】，在打开的对话框中选择需要的控件，关闭对话框，在工具箱就可以看到需要的控件。

6.3.1 控件的基本属性

C#中所有的控件都继承自 System.Windows.Forms.Control 类，虽然不同的控件具有不同的外观和属性，但是它们具有一些共同的属性，下面简单介绍控件一些共同属性。

（1）Name 属性。每个控件都有一个 Name 属性，在同一个窗体中这个 Name 应该是唯一的，在应用程序中，通过此属性来引用控件。在窗体中添加一个新的控件，系统会为其生成一个默认的名字，如 button1、button2 等。可根据需要修改为有实际意义的名字，其命名规则必须符合 C#标识符的命名规则。在编程时为了使代码更具可读性，一般是在控件名前加一表明控件类型的前缀，如 Button 控件前加 btn，表 6-1 列出了 C#常用控件及前缀，以供参考。

表 6-1 常用控件命名前缀约定

控件类型	中文名称	前缀
Button	按钮	btn
CheckBox	复选框	chk
ColumnHeader	视图列表头	col
ComboBox	组合框	cbo
ContextMenu	快捷菜单	ctm
DataGrid	数据网格控件	dg
DataGridView	数据网格视图控件	dgv
DateTimePicker	时间输入框	dtp
DomainUpDown	数值框	dud
Form	窗体	frm
GroupBox	组合框	grp
HscrollBar	水平滚动条	hsb

续表

控件类型	中文名称	前缀
ImageList	图标列表	img
Label	文本标签	lbl
LinkLabel	带链接的文本标签	lbl
ListBox	列表框	lst
ListView	视图列表	lvw
Menu	菜单	menu
MenuItem	菜单项	menu
NumericUpDown	数值框	nud
Panel	面板	pnl
PictureBox	图片框	pic
ProgressBar	进度条	prg
RadioButton	单选框按钮	rdo
Spliter	拆分条	spl
StatusBar	状态栏	stu
StatusBarPanel	状态栏区域	pnl
StatusStrip	状态栏	stu
TabControl	分页控件	tab
TabPage	分页标签页面	page
TextBox	文本框	txt
Timer	定时器	tmr
ToolBar	工具条	tbr
ToolStrip	工具栏	tsp

（2）Text 属性。多数控件都有 Text 属性，如标签、按钮用其设置文本显示，文本框用这个属性获取用户输入或显示文本值。

（3）Font 属性。设置控件上显示的文字的字体和字号。

（4）ForeColor 和 BackColor 属性。设计控件上显示的文字或图像的颜色以设置控件的背景颜色。

（5）Size 属性。设置控件的大小（高度和宽度）。本属性是结构类型，结构体中有两个变量 Width 和 Height，分别代表控件对象的宽和高，例如可用语句修改 Button 控件对象 button1 的宽度。

```
button1.Size.Width=100
```

（6）Location 属性。设置控件在容器中相对于容器左上角的位置。本属性是一个结构体类型，结构体中有两个变量 x 和 y，分别代表控件对象左上角顶点的 x 和 y 坐标，该坐标系以窗体左上角为原点，x 轴向右为正方向，y 轴向下为正方向，以像素为单位。在代码中如果修改 Location 的值，可以改变控件的位置，如下面语句使按钮 button1 移到新位置：

```
button1.Location=new Point(100,200);
```

（7）Visible 属性。设置控件的可见性，取值为 True 为可见，取值为 False 时不可见。

（8）Enabled 属性。设置控件的可用性，取值为 True 为可用，False 时为不可用，控件变为灰色。

（9）Dock 属性。设置控件的停靠位置，可选的位置为在容器的上、下、左、右或充满整个容器。

（10）Controls 属性。设置或获取控件内包含的控件集合。

6.3.2　控件的事件

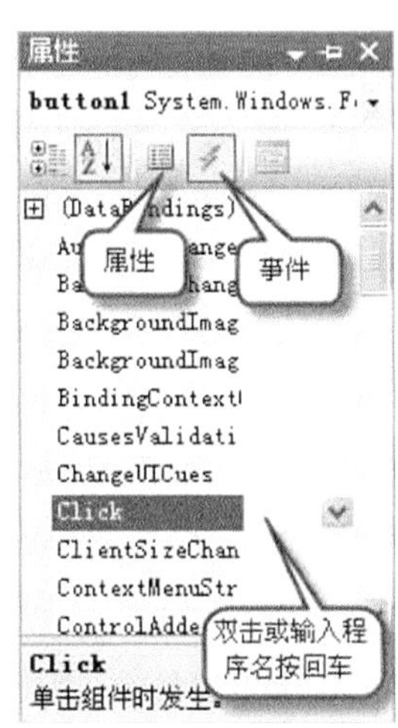

图 6-6　控件的属性窗口

控件对用户或应用程序的某些行为作出响应，这些行为称为事件，最常见的如用户单击鼠标操作后会引发某个事件发生。应用程序运行时会监视着事件的发生，如果发生就会调用应用程序为这个事件编写的响应代码，这种编程机制称为事件编程机制。该机制中最重要的思想就是为控件编写事件处理程序。

在 C#中，事件被封装在控件之中，使编写基于事件的应用程序大大简化。例如要为某一按钮控件编写单击事件处理代码，可以在属性窗口工具栏上按下“事件”图标，属性窗口便会显示该控件支持的所有事件，见图 6-6 所示。

编写事件处理程序最简单的方式是在需要编写处理程序的事件上双击，系统自动产生事件处理程序的框架并切换到代码窗口，在光标闪烁处就可以编写处理代码。如图 6-6 中在 Click 处双击，产生的事件处理程序代码如下：

```
private void button1_Click(object sender, EventArgs e)
{

}
```

用户也可以在图 6-6 中相应事件后的空白处输入一个自己命名一个事件处理程序名，然后按回车键，系统会自动生成命名的事件程序框架。

大部分事件处理程序的格式如下：

```
private void 对象名称_事件名称(object sender, EventArgs e)
```

上述代码中有两个参数，第一个 object 类型参数，代表引发该事件的对象，如果对多个控件使用相同的事件处理程序，通过 object 参数可以用来确定是哪个控件触发了事件；第二个参数是 EventArgs 类型的参数，其中包含了事件的附加信息，事件不同，所代表的信息也不相同。

6.4　Label 控件、Button 控件和 TextBox 控件

6.4.1　Label 控件

Label 控件又称标签控件，常用来显示一行文本信息，但文本信息不能编辑，常用来输出处理结果或提示信息。

（1）常用属性

① Text：设置标签显示的内容，属性值的类型为 string。一般在设计时设置此属性，也可以用代码实现，如：

```
Label1.Text = "学号";//Label1 是标签的名称
```

② AutoSize：设置控件大小是否随字符串大小自动调整，默认值为 false，不调整。

③ ForeColor：设置标签控件上显示的字符串颜色。

④ Font：设置标签上字符串所使用的字体，包括所使用的字体名、字体的大小、字体的

风格等。

（2）常用事件　标签的常用事件是 Click 和 DoubleClick 事件，分别在单击标签和双击标签时发生。一般很少使用。

（3）常用方法

① Hide 方法：隐藏控件。

② Show 方法：显示隐藏的标签控件。

③ Update 方法：更新或刷新标签控件。

6.4.2 Button 控件

Button 控件又称为命令按钮，在应用程序中广泛使用。在应用程序中，常用来启动一个命令，用户单击按钮后触发事件，执行相应的事件处理程序，实现相应的功能。

常用属性和事件如下。

① Text 属性：设置命令按钮上显示的文本。

② Image 属性：设置命令按钮上显示的图片。单击属性列表中该属性右边的【...】按钮，在“打开”的对话框中可以为命令按钮选择一个图片。

③ FlatStyle 属性：设置按钮的外观，可取值有 Flat、Popup、System 和 Standard。

④ Enable 属性：设置按钮是否可用，true 为可用，flase 为不可用。不可用时按钮为灰色显示，对用户的操作不响应。

⑤ Click 事件：用户单击触发的事件，一般称作单击事件。

6.4.3 TextBox 控件

TextBox 称为文本框控件，用于获取用户输入的文本或显示文本。

（1）TextBox 控件属性

① Text 属性：用于获取或设置文本框中的文本。

② MaxLength 属性：设置单行文本框最大输入字符个数。

③ ReadOnly 属性：布尔变量，为 true 时文本框不能编辑。

④ PasswordChar 属性：设置文本框用于输入密码时替换的字符，允许输入一个字符，如输入字符“*”，用户在文本框中输入的所有字符都显示为“*”，一般用来输入密码。

⑤ MultiLine 属性：设置文本框是否可以显示或输入多行文本。取值为布尔变量，为 true 时，显示为多行文本框；为 false 时显示为单行文本，默认为 false。

⑥ ScrollBars 属性：设置文本框是否带有滚动条，MultiLine=true 时有效，有 4 种选择，分别是 None（无滚动条），Horizontal（有水平滚动条），Vertical（有垂直滚动条），Both（有水平和垂直滚动条）。

（2）TextBox 控件的事件

① TextChanged 事件：文本框中的字符发生变化时发生的事件。

② KeyDown 事件：按下某键时发生的事件。

③ KeyUp 事件：键弹起时发生的事件。

④ KeyPress 事件：完成一次按键时发生的事件。

⑤ Validating 事件：验证控件时发生的事件。

（3）常用方法

① Clear 方法：清空文本框中的内容。

② Copy 方法：将文本框中选定的内容复制到剪贴板中。

③ Cut 方法：将文本框中选定的内容剪切到剪贴板中。

④ Paste 方法：将剪贴板中选定的内容复制到文本框中。

⑤ Focus 方法：将输入焦点置于文本框中。

【例 6-2】创建“管理登录”窗口，实现用户名和密码验证。

按图 6-7 所示创建窗体和控件，各控件属性设置如表 6-2 所示。

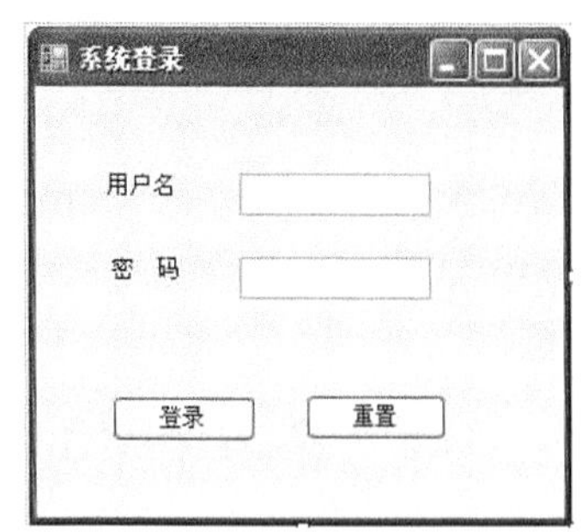

图 6-7　系统登录窗体

表 6-2　各控件的属性

控　　件	属　　性	属　性　值
窗体	Name	frmLogin
	Text	系统登录
标签 1	Name	lblUaerName
	Text	用户名
标签 2	Name	lblPassword
	Text	密　码
文本框 1	Name	txtUserName
文本框 2	Name PasswordChar	txtPassword *
按钮 1	Name	btnLogin
	Text	登录
按钮 2	Name	btnReset
	Text	重置

分别双击两个按钮控件，输入如下代码：

```
private void btnLogin_Click(object sender, EventArgs e)
{
    if (txtUserName.Text == string.Empty || txtPassword.Text == string.Empty)
        MessageBox.Show("用户名或密码为空!","登录提示");
    else if(txtUserName.Text != "admin" || txtPassword.Text != "admin")
    {
        MessageBox.Show("用户名或密码不正确", "登录提示");
    }
    else
    {
        MessageBox.Show("登录成功!", "登录提示");
    }
}
private void btnReset_Click(object sender, EventArgs e)
{
    txtUserName.Clear();
```

```
        txtPassword.Clear();
    }
```

提示：本例中用户和密码均为 admin，在实际应用中，用户名密码均应保存在数据库，验证过程需要从数据库中进行查询，而不是简单地将用户名和密码以明文方式在程序代码中进行比对。

6.5　RadioButton 控件、GroupBox 控件、CheckBox 控件

6.5.1　RadioButton 控件和 GroupBox 控件

RadioButton 称为单选按钮控件，一般将多个 RadioButton 控件设为一组，用于为用户提供从两个或多个互相排斥的选项中选择一个选项。GroupBox 控件称为分组框，是一个容器类控件，在其内部可放其他控件，表示其内部的所有控件为一组，其属性 Text 可用来表示此组控件的标题。例如把 RadioButton 控件放到 GroupBox 控件中，表示这些 RadioButton 控件是一组。

（1）RadioButton 控件属性和事件

① Text 属性：单选按钮控件旁边的标题。

② Checked 属性：布尔变量，true 表示按钮被选中；false 表示不被选中。

③ CheckedChanged 事件：单选按钮选中或不被选中状态改变时产生的事件。

④ Click 事件：单击单选按钮控件时产生的事件。

（2）GroupBox 控件属性　GroupBox 控件常用属性只有一个，即 Text，即指定 GroupBox 控件顶部的标题。

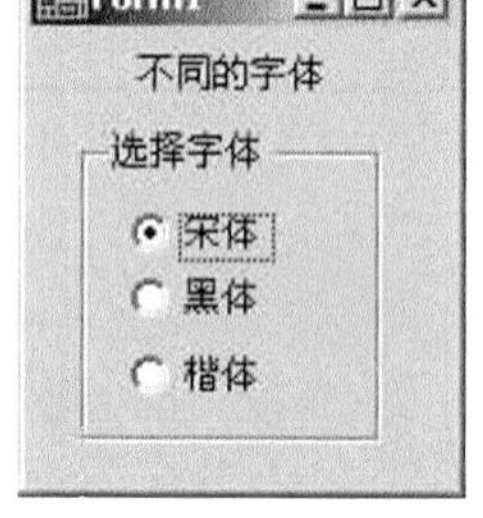

图 6-8　窗体运行效果图

【例 6-3】单选按钮的使用。

建立一个新的项目。在窗体中添加 Label 控件，其属性 Text 设置为“不同的字体”，其字体设置为宋体。添加 GroupBox 控件到窗体，其属性 Text 设置为“选择字体”，添加三个 RadioButton 控件到 GroupBox 中，其 Name 分别设为 rdoSong、rdoHei、rdoKai，其属性 Text 分别设置为：“宋体”、“黑体”、“楷体”。将 Text 为“宋体”的 RadioButton 控件的属性 Checked 设置为“true”。设计好的界面如图 6-8 所示。

为三个 RadioButton 控件的 CheckedChanged 事件增加事件处理程序，代码如下：

```
private void rdoSong_CheckedChanged(object sender, System.EventArgs e)
{
    if(rdoSong.Checked) //label1 显示的字体变为宋体，字体大小不变
    label1.Font=new Font("宋体",Font.Size);
}
private void rdoHei_CheckedChanged(object sender, System.EventArgs e)
{
    if(rdoHei.Checked)
    label1.Font=new Font("黑体",12F); //字体为黑体，字号为 12 号字
}
private void rdoKai_CheckedChanged(object sender, System.EventArgs e)
```

```
{
    if(rdoKai.Checked)
    label1.Font=new Font("楷体_GB2312",Font.Size, FontStyle.Underline);
//字体为楷体，字号不变,文字下加下划线
}
```

代码编写完成后运行程序，分别单击三个单选按钮，标签上文字的字体即发生改变。程序运行见图 6-8 所示。

> 提示：Font 类定义特定的文本格式，包括字体、字号和字形属性。其中字号为 float 型数值。

6.5.2 CheckBox 控件

CheckBox 称为复选或多选框控件，可将多个 CheckBox 控件放到 GroupBox 控件内形成一组，这一组内的 CheckBox 控件可以多选，不选或全选，通常用来让用户选择一些可共存的特性，例如一个人的爱好等。CheckBox 控件属性和事件如下。

① Text 属性：设置复选框控件旁边的标题。

② Checked 属性：设置复选是否处于选中状态，是布尔变量，true 表示多选框被选中，false 不被选中。

③ Click 事件：单击多选框控件时产生的事件。

④ CheckedChanged 事件：多选框状态改变时产生的事件。

【例 6-4】多选按钮的使用。

窗体设计可参照图 6-9 进行。用到的控件有 GroupBox 控件、CheckBox 控件、TextBox 控件和 Button 控件，控件的属性可参考前面讲到的原则进行设计，不再详述。

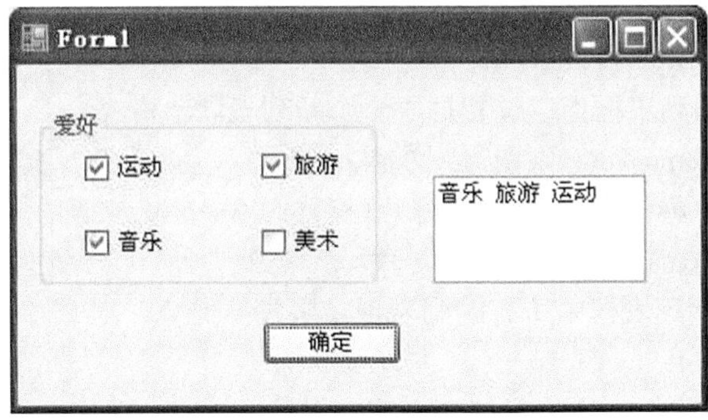

图 6-9 程序运行结果

在“确定”按钮的事件处理程序中可以通过逐个判断每个 CheckBox 的状态来获得用户的选择项，用如下语句：

```
if (chkSport.Checked)
    txtResult.Text += chkSport.Text;
```

在实际应用中，如果有多个复选框，需要对每个 CheckBox 进行判断，会出现大量的重复代码。在这种情况下，可以采用遍历容器控件内控件集合的方法来检索选择项，代码要简洁易读，代码如下：

```
private void btnOK_Click(object sender, EventArgs e)
```

```
{
    foreach (Control ctrl in this.groupBox1.Controls)
     {//遍历 GroupBox 控件内的控件
        System.Windows.Forms.CheckBox chk = (System.Windows.Forms.CheckBox)ctrl;
        //强制类型转换，将遍历得到的 Control 类对象转换为 CheckBox 对象
         {
          if (chk.Checked)
          txtResult.Text += chk.Text+ "    "; //将选择项放到文本框控件显示
         }
     }
}
```

代码编写完成之后运行程序，在多个爱好选项中选择，单击【确定】按钮，在右侧的文本框内显示刚才的选择项。程序运行结果见图 6-9 所示。

6.6 ListBox 控件、ComboBox 控件

6.6.1 ListBox 控件

ListBox 控件称为列表框控件，用于显示多个选项，用户可从选项中选择一个或多个选项。ListBox 控件的常用属性、事件和方法如下。

① Items 属性：是个集合属性，存储 ListBox 中的列表内容，是 ArrayList 类对象，元素是字符串。Items 集合自身又具有许多常用的方法和属性。

- Count 属性：Items 集合中列表项的个数。
- Add 方法：向列表框添加一个新的列表项。格式：

```
ListBox 控件名称.Items.Add("文本");
```

- Insert 方法：向列表框指定位置插入一个新列表项。格式：

```
ListBox 控件名.Items.Add("索引号",文本");
```

- Remove 方法：将指定的列表项移除。格式：

```
ListBox 控件名.Items.Remove("索引号");
```

- Clear 方法:移除列表框中所有的列表项。格式：

```
ListBox 控件名称.Items.Clear();
```

② SelectedIndex 属性：所选择的选项的索引号，第一个选项索引号为 0。如允许多选，该属性返回任意一个选择的选项的索引号。如没有选项被选中，该值为–1。

③ SelectedItem 属性：返回所选择的选项的内容，即列表中选中的字符串。如允许多选，该属性返回选择的索引号最小的选项。如没有选项被选中，该值为空。

④ SelectedItems 属性：返回所有被选选项的内容，是一个字符串数组。

⑤ SelectionMode 属性：确定可选的选项数，以及选择多个选项的方法。属性值可以使：none（可以不选或选一个）、one（必须而且选一个）、MultiSimple（多选）或 MultiExtended（用组合键多选）。

⑥ GetSelected()方法：参数是索引号，如该索引号被选中，返回值为 true。

⑦ SelectedIndexChanged 事件：当索引号（即选项）被改变时发生的事件。

⑧ DoubleClick 事件：双击控件时发生。

【例 6-5】课程选择。学生开设多门选修课，用户将选中选修的课程移到“选择课程”列表中，也可以一次将所有课程全部移过去。相反，用户也可以将“选择课程”中的课程移回。

本例中涉及代码较多，但是比较简单，关键语句添加了注释。

设计过程如下。

（1）新建 Windows 窗体应用程序项目，在窗体中添加控件，包括两个 Label 控件，两个 ListBox 控件，将其 Name 属性分别命名为 lstRight 和 lstLeft，四个 Button 控件，Name 属性分别命名为 btntoRight、btnAlltoRight、btntoLeft、btnAlltoLeft。其中 ListBox 控件属性 SelectionMode 设为 MultiExtended，即允许多选。窗体中控件的其它属性设置参照图 6-10 进行设计。

（2）编写事件处理程序。

- 在窗体空白中双击，进行窗体的 Load 事件，编写如下代码：

```
private void frmSelectCourse_Load(object sender, EventArgs e)
{//窗体生成时在左边列表框中添加列表项
    lstLeft.Items.Add("网页制作");
    lstLeft.Items.Add("数据库应用");
    lstLeft.Items.Add("大学生就业指导");
    lstLeft.Items.Add("西方哲学");
    lstLeft.Items.Add("音乐艺术欣赏");}
```

在四个按钮上分别双击，编写命令按钮的事件处理程序。

- “>”按钮事件：实现将选中的项目添加到右侧列表框中，同时从左侧移除

```
private void btntoRight_Click(object sender, EventArgs e)
{
     //将选中的项目添加到右侧的列表框中
     for (int i = 0; i < lstLeft.SelectedItems.Count; i++)
          lstRight.Items.Add(lstLeft.SelectedItems[i].ToString());
     for (int i = 0; i < lstLeft.SelectedItems.Count; i++)
          lstLeft.Items.Remove(lstLeft.SelectedItems[i]);
 }
```

- “>>”按钮事件：实现将左侧选项全部移到右侧列表框中，同时将左边列表清空

```
private void btnAlltoRight_Click(object sender, EventArgs e)
{
     for (int i = 0; i < lstLeft.Items.Count; i++)
          lstRight.Items.Add(lstLeft.Items[i].ToString());
     lstLeft.Items.Clear();
}
```

- “<”按钮事件：实现将选中的项目添加到左侧列表框中，同时从右侧移除

```
private void btntoLeft_Click(object sender, EventArgs e)
{
     for (int i = 0; i < lstRight.SelectedItems.Count; i++)
          lstLeft.Items.Add(lstRight.SelectedItems[i].ToString());
```

```
        for (int i = 0; i < lstRight.SelectedItems.Count; i++)
            lstRight.Items.Remove(lstRight.SelectedItems[i]);
}
```

- "<<"按钮事件：实现将右侧选项全部移到左侧列表框中，同时将右边列表清空

```
private void btnAlltoLeft_Click(object sender, EventArgs e)
{
    for (int i = 0; i < lstRight.Items.Count; i++)
        lstLeft.Items.Add(lstRight.Items[i].ToString());
    lstRight.Items.Clear();
}
```

- 列表框的 DoubleClick 鼠标双击事件，实现双击列表框的选项即可移动。

```
private void lstLeft_DoubleClick(object sender, EventArgs e)
{
    if (lstLeft.Items.Count <= 0) //如果列表框中无列表项，则返回
        return;
    lstRight.Items.Add(lstLeft.SelectedItem);
    lstLeft.Items.Remove(lstLeft.SelectedItem);
}
private void lstRight_DoubleClick(object sender, EventArgs e)
{
    if (lstRight.Items.Count <= 0)//如果列表框中无列表项，则返回
        return;
    lstLeft.Items.Add(lstRight.SelectedItem);
    lstRight.Items.Remove(lstRight.SelectedItem);
}
```

程序运行如图 6-10 所示，左边列表框中显示的是开设的课程，左边是选择的课程。单击">"按钮，可将选中某门课程移动到右边列表框中，单击">>"可将全部课程移动。"<"按钮和"<<"按钮进行相反的操作。双击某一列表项，也可实现课程的移动。

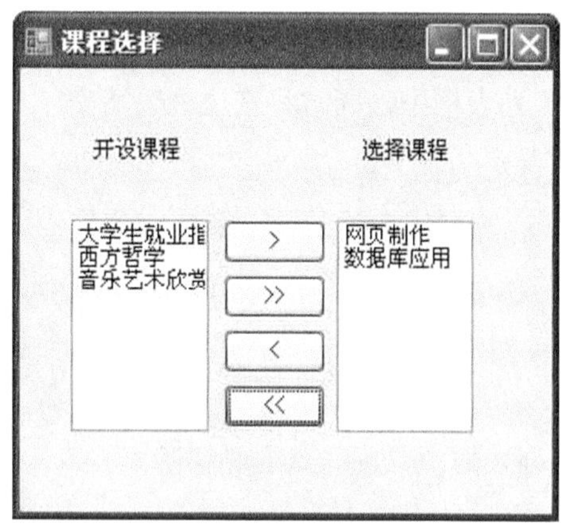

图 6-10 程序运行效果

6.6.2 ComboBox 控件

ComboBox 控件称为组合列表框，它是文本框和列表框的组合。用户即可以在文本框输入内容，在其右侧有一个向下的箭头，单击此箭头可以打开一个列表框，用户也可从列表中进行选择。ComboBox 控件几乎支持 ListBox 控件的所有属性和方法，除此之外它还有一些特有的属性和方法。ComboBox 控件的常用属性、事件和方法如下。

① DropDownStyle 属性：设置下拉列表组合框的样式。可取值为下列之一。

- Simple：表示文本框是可编辑的，列表部分直接显示。

• DropDown：表示文本框可编辑，下拉列表框是隐藏的，必须单击箭头才能看到列表部分。该样式是默认样式。

• DropDownList：表示文本框不可编辑，下拉列表框是隐藏的，必须单击箭头才能看到列表部分。

② Items 属性：存储 ComboBox 中的列表内容，是 ArrayList 类对象，元素是字符串。Items 集合的属性方法同 ListBox 控件。

③ MaxDropDownItems 属性：下拉列表能显示的最大选项数（1～100），如果实际选项数大于此数，将出现滚动条。

④ SelectedItem 属性：所选择选项的内容，即下拉列表中选中的字符串。如一个也没选，该值为空。另外，属性 Text 也是所选择的选项的内容。

⑤ SelectedIndex 属性：编辑框所选列表选项的索引号，列表选项索引号从 0 开始。如果未选中任何列表项，则 SelectedIndex 值–1。

⑥ SelectedIndexChanged 事件：当用户改变列表中的选择项时发生的事件。

⑦ Items.Add(Item)方法：把一个列表项加入列表项集合中的后边。

⑧ Items.Insert(Index,Item)方法：把一个列表项插入到列表项集合中的指定位置。

⑨ Items.Remove(Item)方法：清除指定的列表项。

⑩ Items.Clear()方法：清除列表框中所有列表项。

【例 6-6】用两个 ComboBox 控件实现省、市两级联动。

新建一个 Windows 窗体应用程序项目，在窗体中添加两 ComboBox 控件和两个标签控件。两个 ComboBox 控件分别命名为 cboProvince 和 cboCity，下面的标签命名为 lblResult。

窗体的事件处理程序：

```
private void Form1_Load(object sender, EventArgs e)
{
    cboProvince.Items.Add("北京");
    cboProvince.Items.Add("河北");
    cboProvince.Items.Add("山西");
}
```

见图 6-11，左边省份组合框控件的事件：

```
private void cboProvince_SelectedIndexChanged(object sender, EventArgs e)
{
    switch (cboProvince.SelectedItem.ToString())
    {
        case "北京":
            cboCity.Items.Clear();
            cboCity.Text = string.Empty;
            cboCity.Items.Add("朝阳区");
            cboCity.Items.Add("海淀区");
            cboCity.Items.Add("东城区");
            cboCity.Items.Add("西城区");
            break;
        case "河北":
```

```
                cboCity.Items.Clear();
                cboCity.Text = string.Empty;
                cboCity.Items.Add("石家庄市");
                cboCity.Items.Add("邢台市");
                cboCity.Items.Add("邯郸市");
                cboCity.Items.Add("保定市");
                break;
            case "山西":
                cboCity.Items.Clear();
                cboCity.Text = string.Empty;
                cboCity.Items.Add("太原市");
                cboCity.Items.Add("大同市");
                cboCity.Items.Add("阳泉市");
                cboCity.Items.Add("晋城市");
                break;
        //以下可以添加更多省市，代码与上相似
        }
    }
```

见图 6-11，右边组合框控件的事件：

```
private void cboCity_SelectedIndexChanged(object sender, EventArgs e)
{
    lblResult.Text = "选择的结果是：" + cboProvince.Text + cboCity.Text;
}
```

运行程序，从左侧组合框中选择省份，右侧组合框中便会出现所选省份下辖城市名，选择某一城市，下面的标签控件中显示所选结果。程序运行结果见图 6-11 所示。

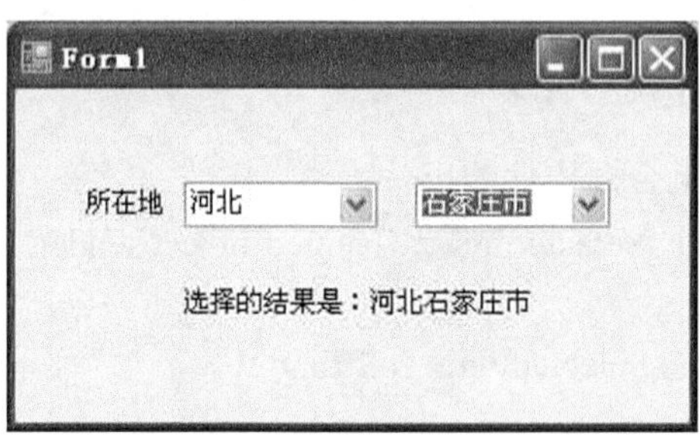

图 6-11　程序运行效果

6.7　PictureBox 控件、ImageList 控件

6.7.1　PictureBox 控件

PictureBox 控件又称图片框控件，常用于图形设计和图像处理应用程序，在该控件中可以加载的图像文件格式有：位图文件（.bmp）、图标文件（.ICO）、图元文件（.wmf）、.JPEG 和.GIF 文件。下面仅介绍该控件的常用属性和事件。

（1）Image 属性：用来设置控件要显示的图像。把文件中的图像加载到图片框通常采用以下方法。

- 在设计时指定。单击该控件的 Image 属性，在其后将出现【…】按钮，单击该按钮将出现一个【打开】对话框，在该对话框中找到相应的图形文件后单击【确定】按钮。
- 产生一个 Bitmap 类的实例并赋值给 Image 属性。形式如下：

```
Bitmap p=new Bitmap(图像文件名);
pictureBox 对象名.Image=p;
```

- 通过 Image.FromFile 方法直接从文件中加载。形式如下：

```
pictureBox 对象名.Image=Image.FromFile("图像文件名");
```

- 通过 Load（）方法将图像显示到控件。形式如下：

```
pictureBox 对象名.Load("图像文件名");
```

（2）SizeMode 属性：设置图像的显示方式。可取如下值之一：

- AutoSize：指定控件自动根据图片的大小调整自身的大小
- CenterImage：指定图片居中显示
- Normal：指定图片位于控件的左上角
- StrechImage：指定图片适应于控件的大小进行显示

6.7.2　ImageList 控件

ImageList 控件又称图片列表控件，这是一个图片集合管理器，支持 bmp、gif 和 jpg 等图像格式，图片集合中的每个对象都可以通过其索引或关键字被其他控件所引用。

ImageList 控件本身并不能单独使用，一般都是和其他具有 Picture 属性的控件一起使用，如 PictureBox、ListView、ToolBar、TabStrip 和 TreeView 等控件。

ImageList 控件在运行期间是不可见的，因此，添加一个 ImageList 控件时，它不会出现在窗体上，而是出现在窗体的下方。常用属性如下。

① ImageSize 属性：使用 Size 结构作为其值。其默认值是 16×16，但可以取 1～256 之间的任意值。

② ColorDepth 属性：使用 ColorDepth 枚举作为其值。颜色深度值可以从 4～32 位。

③ Images 集合属性：设置或者取得控件管理的图片。在设计视图下单击 Images 后的“集合”会打开如图 6-12 所示的“图片集合编辑器”对话框，在对话框中可以添加或移除图像。

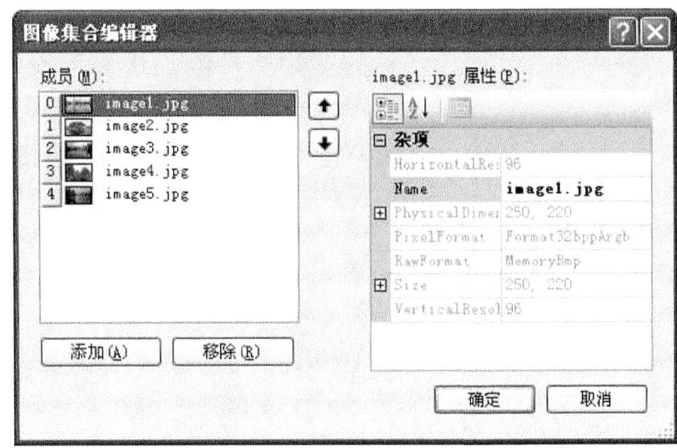

图 6-12　图像集合编辑器

6.8 Timer 控件和 ProgressBar 控件

6.8.1 Timer 控件

Timer 控件又称定时器控件或计时器控件。Timer 控件的主要作用是按一定的时间间隔周期性地触发一个名为 Tick 的事件，因此在该事件的代码中可以放置一些需要每隔一段时间重复执行的程序段。在程序运行时，定时器控件是不可见的。常用属性、方法和事件如下。

① Enabled 属性：用来设置定时器是否正在运行。值为 true 时，定时器正在运行，值为 false 时，定时器不在运行。

② Interval 属性：用来设置定时器两次 Tick 事件发生的时间间隔，以 ms 为单位。如它的值设置为 500，则将每隔 0.5s 发生一个 Tick 事件。

③ Tick 事件：每隔 Interval 时间后将触发一次该事件。

6.8.2 ProgressBar 控件

ProgressBar 控件又称为进度条控件，常用于显示操作进度，当操作或任务完成时进度条会被填满。进度条控件能直观地帮助用户了解某项操作所需的时间。

Progress 控件的属性如下。

① Maximum 属性：ProgressBar 控件的最大值，当控件的 Value 值为 Maximum 值时，进度条被填满。

② Minimum 属性：ProgressBar 控件的最小值，当控件的 Value 值为 Minimum 值时，进度条为空。

③ Value 属性：ProgressBar 控件的值，在程序中可以改变 Value 值使 ProgressBar 进度发生改变。

④ Step 属性：ProgressBar 控件的步长，即进度增加一个格对应的 Value 值增加量。

【例 6-7】利用 Timer 控件 Picture 控件和 ImageList 控件实现图片自动播放。

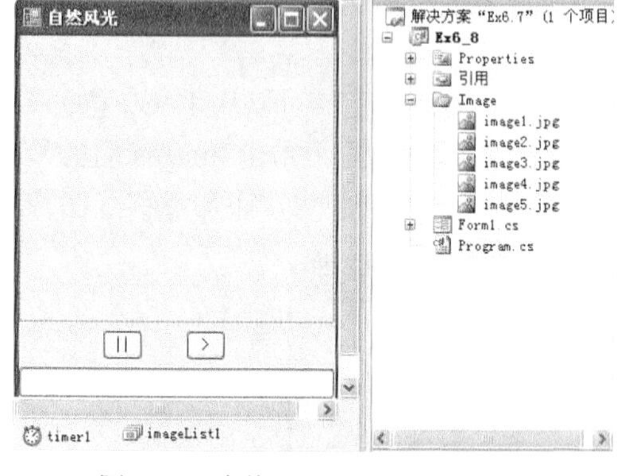

图 6-13 窗体设计及解决方案设置

新建一个 Windows 窗体应用程序项目，在窗体中添加一个 PictureBox 控件、两个 Button 控件、一个 Timer 控件和一个 ImageList 控件以及一个 ProgressBar 控件。将 Button 的 Text 属性分别设为“暂停”、“播放”。在解决方案管理器窗口中新建一个文件夹命名为 Image，在 Image 文件夹上单击右键点选【添加】→【现有项】，将准备好的图片文件添加进来。设置 ImageList 控件的 ImageSize 设置为 250、200，将 ColorDepth 属性设为“Depth24Bit”，在 Images 集合属性中将前边添加到项目中的图片文件添加到 ImageList 控件中。窗体设计及解决方案见图 6-13 所示。

在窗体类添加如下代码，代码中添加注释，不再赘述。

```
private int index = 0;//图片序号
private void Form1_Load(object sender, EventArgs e)//窗体加载事件
{
    pictureBox1.Image = imageList1.Images[index];
    timer1.Enabled = true; //计时器开始工作
```

```
        timer1.Interval = 2000;//两次 Tick 事件间隔为 2s

    }
    private void timer1_Tick(object sender, EventArgs e)
    {   //计时器事件，每 2s 触发一次
        timer1.Enabled = false;
        if (index < imageList1.Images.Count)
        {
            pictureBox1.Image = imageList1.Images[index];
            index++;
            progressBar1.Value = (100/imageList1.Images.Count*index);
        }
        else
        {
            index = 0;//如果图片全部播放，将重新开始播放
            progressBar1.Value = 0;
        }
        timer1.Enabled = true;
    }
    private void btnStop_Click(object sender, EventArgs e)//暂停按钮事件处理
    {
        timer1.Enabled = false;//计时器暂停工作
    }
    private void btnContinue_Click(object sender, EventArgs e)//继续按钮事件处理
    {
        timer1.Enabled = true;//计时器开始工作
    }
```

代码编制完成后运行程序，运行结果见图 6-14 所示，过 2s 后会自动显示下一张图片。单击“暂停”按钮，停止图片轮换显示，单击“播放”图片播放会继续。

图 6-14 程序运行结果

习 题 6

一、选择题

1．决定 Label 控件是否可见的属性是（　　）。

A．Hide　　B．Show　　C．Visible　　D．Enabled

2．把 TextBox 控件的（　　）属性设为 True，可使其在运行时接受或显示多行文本。

A．WordWrap　　B．Multiline　　C．ScrollBars　　D．ShowMultiline

3．利用文本框的（　　）属性，可以实现密码框的功能。

A．Password　　B．Passwords　　C．PasswordChar　　D．PasswordChars

4．在 C#中，可以标识不同的对象的属性是（　　）。

A．Text　　B．Name　　C．Title　　D．Index

5．Windows 应用程序中，最常用的输入控件是（　　）。

A．Label　　B．TextBox　　C．Button　　D．PictureBox

6．如果让计时器每隔 10s 触发一次 Tick 事件，需要将 interval 属性设置为（　　）。

A．10　　B．100　　C．1000　　D．10000

7．已知进度条的下限是 0，上限是 1000，如果要让进度条显示 30%的分段块，需要将 Value 属性设置为（　　）。

A．30　　B．30%　　C．300　　D．0.3

二．填空题

1．如果 TextBox 控件中显示的文本发生了变化将会发生____________事件。

2．要使 ListBox 控件能够显示多列，应把它的____________属性值设置为 True。

3．Windows 窗体的_________方法作用是让窗体显示。

4．要使 PictureBox 中显示的图片刚好填满整个图片框，应把它的____________属性值设置为 StretchImage。

5．Timer 控件的____________属性用来设置定时器两次 Tick 事件发生的时间间隔。

三、操作题

设计一个简单的学生调查窗体，窗体中有标签控件、文本框控件、组合列表框控件、单选和多选控件及按钮控件，参照图 6-15 进行窗体设计。其中组合列表框控件的列表选项为计算机应用、计算机信息管理、软件工程、电子商务。

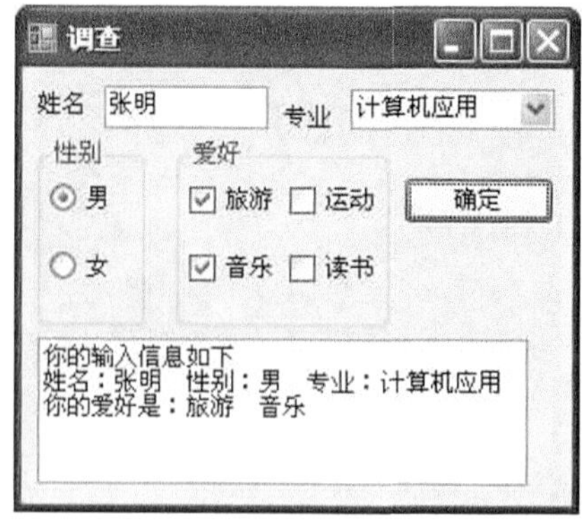

图 6-15　窗体运行效果图

在按钮事件处理程序中实现功能：单击【显示】按钮，在下边的文本框控件中显示用户输入的信息（注：文本框中的文本换行用"\r\n"实现）。

实训案例 6　设计简单的计算器

一、实训目的

熟悉 Windows 应用程序开发过程，掌握 Window 常用控件的使用，编写事件处理代码。

二、实训内容

设计一个具有简单功能的计算器，能实现加、减、乘、除运算。

具体步骤如下：

（1）建立一个新项目，项目名为 Calculator。

（2）窗体及控件设计

在窗体中添加一个 textBox 控件和 17 个 Button 控件，各控件属性见表 6-3。

表 6-3　控件属性设置

控　件	属 性 名	设　置
Form	Text	计算器
	MaxiMizeBox	False
	MiniMizeBox	False
TexbBox	Name	txtDisplay
	Text	0
	ReadOnly	True
	BackColor	Window
10 个数字按钮	Name	btn0～btn9
	Text	0～9
运算按钮	Name	btndot、btnequ、btnadd、btnsub、btnmul、btndiv、btn_C
	Text	“.” “=” “+” “_” “*” “/” “C”

设计好的窗体见图 6-16 所示。

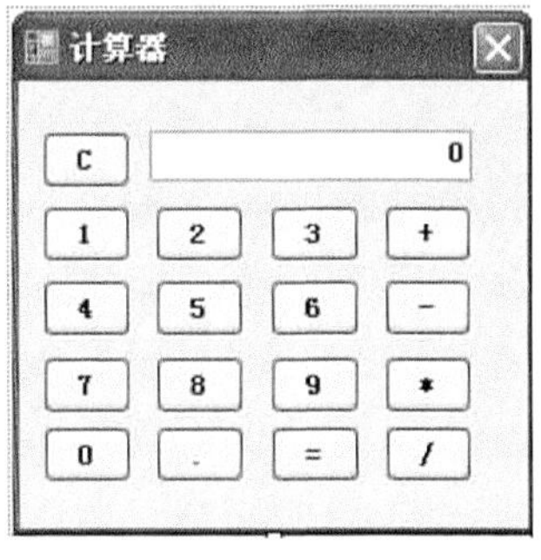

图 6-16　计算器窗体设计

（3）程序编码设计。

① 变量定义　本程序中用到一些公共变量，如参与运算的变量，结果以及判断输入数据时状态等，因此在代码的通用段声明如下变量：

```
double firstNum=0, secondNum=0, result=0;// 操作数及运算结果
bool secondNumFlag = false; //是否开始输入第二个操作数
bool newOperate = false; //判断是否是第二次计算，如果是，将文本框置 0
```

```
string strOperator= "" ;      // 运算符
```

② 数字按钮事件编程　程序中命令按钮较多，如果为每个按钮编写处理程序会产生很多重复的代码。在这里可采用为所有按钮编写统一的事件处理程序的方法。如事件处理程序名为：

```
btn1_Click(object sender, EventArgs e)
```

事件处理程序中的参数 sender 代表触发事件的控件的 Name，这样在事件处理程序中就可以通过判断 sender 的值就可以区分出是哪个控件触发了事件，然后进行不同的处理。

首先在数字按钮“1”的双击，编写其事件处理函数如下：

```
private void btn1_Click(object sender, EventArgs e)
{
if (sender == btn0) append_num(0);
if (sender == btn1) append_num(1);
if (sender == btn2) append_num(2);
if (sender == btn3) append_num(3);
if (sender == btn4) append_num(4);
if (sender == btn5) append_num(5);
if (sender == btn6) append_num(6);
if (sender == btn7) append_num(7);
if (sender == btn8) append_num(8);
if (sender == btn9) append_num(9);
}
```

将窗体中其余的各数字键全部选中，在属性窗口中 Click 事件设置为 btn1_Click。

在窗体类中添加统一的处理方法 append_num，方法的功能是实现将输入的各位数字组合在一起形成一个操作数，代码如下：

```
public void append_num(int i)
{
    if (newOperate)//是否是开始新计算
    {
        txtDisplay.Text = "0";//文本框清 0
        newOperate = false;
    }
    if (secondNumFlag)
    {
        txtDisplay.Text = "0";//是否是输入第二个数，如果是先清 0
        secondNumFlag = false;
    }
    if (txtDisplay.Text != "0")//如不是第一输入，与前边的输入的数字组合在一起
        txtDisplay.Text = txtDisplay.Text + i.ToString();
    else
        txtDisplay.Text = i.ToString();//输入的第一个数字
}
```

③ 小数点按钮编程　为小数点按钮增加事件处理函数如下：

```
private void btndot_Click(object sender, EventArgs e)
{
    if (secondNumFlag)
    {
        txtDisplay.Text = "0";
        secondNumFlag = false;
    }
    int n = txtDisplay.Text.IndexOf(".");//在文本中查找小数点，如没有返回–1
    if (n == -1)//如果没有小数点，增加小数点，否则不增加
        txtDisplay.Text = txtDisplay.Text + ".";
}
```

④ 运算命令按钮编程　计算器中设计了四种运算，与数字按钮的编程相似，将“+”、“–”、“*”、“/”各运算按钮的事件处理程序统一设置为 operator_Click。这段代码比较多，也比较复杂，请读者们认真研读。

现在以一个简单运算“1+2=3”为例说明运算过程。

先单击按钮【1】，文本框中显示1，再单击按钮【+】，这时把文本框中的数值保存在firstNum变量中，并且把运算符提取出来，以后再输入的数值是第二个操作数，应置 secondNumFlag = true。

用户也有可能进行“1+2+3=6”这样的运算，怎样判断用户是做两个数的运算还是多个数的运算？这时通过判断 strOperate 是否为空就可以了。如果是多个数的连续运算，需要把前面输入的两个数先进行运算。完整代码如下：

```
private void operator_Click(object sender, EventArgs e)
    {
        if ( strOperator == "")
        {   //strOperator 为空代表新运算开始,即输入了第一个数和第一个运算符
            firstNum = Convert.ToDouble(txtDisplay.Text);
            //取出文本框的数学作为第一个参与运算的数
            System.Windows.Forms.Button btn = (Button)sender;
            strOperator = btn.Text;//得到触发事件的按钮上的文本作为运算符
            secondNumFlag = true; //开始输入第二个参与运算的数
        }
        else
        {   //不为空表示是连续运算，如“1+2+3”，先计算 1+2 的值
            secondNum = Convert.ToDouble(txtDisplay.Text);
            switch (strOperator)//根据运算符选择不同的运算
            {
                case "+":
                    {
                        result = firstNum + secondNum;
                        txtDisplay.Text = result.ToString();
```

```
                firstNum = result ;
                secondNumFlag = false;  //为下一次运算作准备
                newOperate = true;      //运算结束可以进行下一次运算
                break;
            }
        case "-":
            {
                result = firstNum - secondNum;
                txtDisplay.Text = result.ToString();
                firstNum = result;
                secondNumFlag = false;
                newOperate = true;
                break;
            }
        case "*":
            {
                result = firstNum * secondNum;
                txtDisplay.Text = result.ToString();
                firstNum = result;
                secondNumFlag = false;
                newOperate = true;
                break;
            }
        case "/":
            {
                if (secondNum == 0)
                {
                    txtDisplay.Text = "除数不能为 0";
                    break;
                }
                else
                {
                    result = firstNum / secondNum;
                    txtDisplay.Text = result.ToString();
                    firstNum = result;
                    secondNumFlag = false;
                    newOperate = true;
                    break;
                }
            }
    }
```

```
                System.Windows.Forms.Button btn = (Button)sender;
                strOperator = btn.Text;//得到下次运算的运算符
            }
    }
```

⑤ 得到运算结果　这部分代码在“=”按钮的事件处理程序中实现。实现过程与前相似，不同之处在于将结果在文本框中显示，然后设置各 secondNumFlag 和 continueFlag 标志，准备下一次运算，代码如下：

```
    private void btnequ_Click(object sender, EventArgs e)
    {
        secondNum = Convert.ToDouble(txtDisplay.Text);//第二个运算数
        switch (strOperator)//根据运算符选择不同的运算
        {
            case "+":
                {   result = firstNum + secondNum;
                    txtDisplay.Text = result.ToString();
                    secondNumFlag = false;  //为下一次运算作准备
                    newOperate = true;      //运算结束可以进行下一次运算
                    break;
                }
            case "-":
                {   result = firstNum - secondNum;
                    txtDisplay.Text = result.ToString();
                    secondNumFlag = false;
                    newOperate = true;
                    break;
                }
            case "*":
                {   result = firstNum * secondNum;
                    txtDisplay.Text = result.ToString();
                    secondNumFlag = false;
                    newOperate = true;
                    break;
                }
            case "/":
                {
                 if (secondNum == 0)
                    {
                        txtDisplay.Text = "除数不能为 0";
                        break;
                    }
                 else
```

```
                {
                    result = firstNum / secondNum;
                    txtDisplay.Text = result.ToString();
                    secondNumFlag = false;
                    newOperate = true;
                    break;
                }
            }
        }
    }
```

⑥ 清除文本框中数据，同时要将各操作数、结果和标志初始化，代码如下：

```
private void btnC_Click(object sender, EventArgs e)
{    txtDisplay.Text = "0";
     firstNum = 0;
     secondNum = 0;
     secondNumFlag = false;   //为下一次运算作准备
     newOperate = true;
}
```

计算器编程逻辑比较复杂，上边程序只是实现了计算机器的基本功能，读者可在此基础上进一步研究，使其功能更完善。

第 7 章　菜单和 MDI 多窗体应用程序设计

Windows 窗体应用程序中的用户界面中通常包含菜单栏、工具栏等，这些元素使得应用程序用户界面更友好、更美观，使应用程序更容易使用。本章介绍菜单、工具栏设计方法以及多文档窗体的概念和实现方法。

7.1　菜　　单

菜单是 Windows 应用程序窗口中重要的组成部分，一般用户都是通过菜单来使用程序提供的功能。菜单分为主菜单和上下文菜单两种。主菜单一般放置在窗口的顶端，通过单击菜单栏中的菜单项打开下拉子菜单，选择其中某个菜单项就能实现相应的功能。

图 7-1 为一个典型的 Windows 菜单，其中顶层菜单项是由多个横着排列的菜单项组成的，单击某个菜单项后弹出的称为子菜单，子菜单也可以有自己的子菜单。所以是菜单是以树状结构组织的，但菜单的层次一般不超过 3 层。

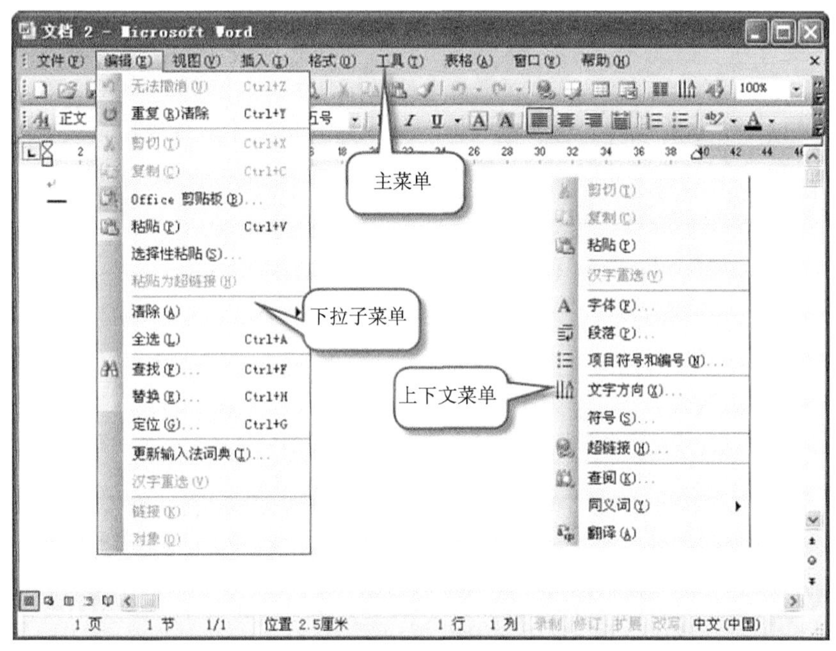

图 7-1　菜单示例

菜单项的提示文字中带下划线的字母，表示该字母是访问键。如果顶层菜单设置访问键，可通过按【ALT+热键】打开该菜单，若是处于子菜单中，则在打开子菜单后直接按热键就会执行相应的菜单命令。如编辑菜单后有（E），通过【ALT+E】可以打开编辑菜单。在打开编辑菜单的情况下，按【P】键就可实现粘贴功能。除了访问键外，多数应用程序还为经常使用的菜单项设置快捷键。用户在不打开菜单的情况下，通过快捷键也能执行相应的菜单命令。如图 7-1 中【Ctrl+C】为复制，【Ctrl+V】为粘贴。

菜单项灰色显示表示菜单项当前是被禁止使用的。菜单项之间的灰色的线称为分隔线，作用是将菜单项分组。菜单前面有勾选标记，勾选后代表已使用该功能。

设计菜单时一般按主题对菜单项进行分类，然后把相关的菜单项用分隔线进行分组，为常用的菜单项设置访问键和快捷键，方便用户使用。

上下文菜单又称弹出式菜单，用鼠标右键单击时弹出，一般与相应的控件相关联。图 7-1 中所示的上下文菜单为在 Word 用户编辑区单击右键时弹出的上下文菜单。上下文菜单中的命令与主菜单中的命令相似，但上下菜单集中了当前区域操作中最常用的操作命令，比操作主菜单要快捷，所以又称为快捷菜单。

在 Visual 2008 中提供了菜单控件，使用控件可以快速创建标准的 Windows 菜单和上下文菜单。

7.1.1 MenuStrip 控件

通过 MenuStrip 控件可以很方便地创建主菜单，下面先介绍一个创建主菜单的实例，然后再学习 MenuStrip 控件的属性、事件等。

【例 7-1】创建主菜单

① 添加 MenuStrip 控件 新建一个 Windows 窗体应用程序，在工具箱中找到 MenuStrip 控件，将控件添加到窗体中。控件默认会出现在窗口的左上角，控件上会出现“请在此处键入”的菜单项输入框，见图 7-2 所示。

② 添加菜单项 在菜单项输入框中单击，其右边和下边均出现菜单项输入框，输入字符“文件”然后按回车键，这样就建立第一个菜单项。单击右边的输入框，输入“编辑”，建立第二个菜单项。建立的单击下边的输入框，可以建立子菜单项，最后效果如图 7-3 所示。

图 7-2 创建主菜单

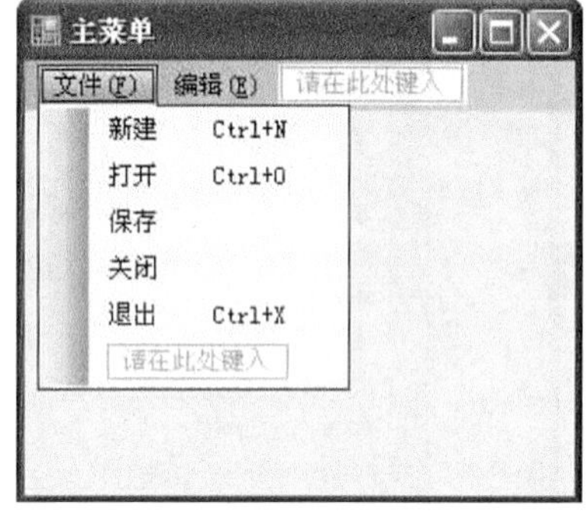

图 7-3 添加菜单项

③ 设置访问键和快捷键 单击菜单中“文件”，在属性窗口中，修改 Text 属性为“文件(&F)”，其中 F 即为访问键的键名，这样程序运程时按【ALT+访问键】即可打开菜单或执行菜单命令。在属性窗口中找到 ShortcutKeys，单击下拉箭头，在选项中设置快捷键。如为上述“新建”菜单项设置【Ctrl+N】。

④ 编写事件处理程序 如果一个菜单项有子菜单，一般不编写主菜单的事件处理代码，而是针对子菜单编写事件代码。在图 7-3 所示的例子中，应该为“文件”菜单项下的子菜单项编写事件处理程序，方法是在子菜单项上双击，在打开的代码文件中根据菜单要实现的功能编写代码。

为“退出”菜单编写事件处理程序，代码如下：

```
private void 退出ToolStripMenuItem_Click(object sender, EventArgs e)
```

```
{
    this.Close();
}
```

MenuStrip 控件的常用属性、事件如下。

① Text 属性：用来获取或设置一个值，通过该值指示菜单项标题。当使用 Text 属性为菜单项指定标题时，还可以在字符前加一个“&”号来指定热键（访问键，即加下划线的字母）。例如，若要将“File”中的“F”指定为访问键，应将菜单项的标题指定为“&File”。

② Checked 属性：用来获取或设置一个值，通过该值指示选中标记是否出现在菜单项文本的旁边。如果要放置选中标记在菜单项文本的旁边，属性值为 true，否则属性值为 false。默认值为 false。

③ Enabled 属性：用来获取或设置一个值，通过该值指示菜单项是否可用。值为 true 时表示可用，值为 false 表示当前禁止使用。

④ RadioCheck 属性：用来获取或设置一个值，通过该值指示选中的菜单项的左边是显示单选按钮还是选中标记。值为 true 时将显示单选按钮标记，值为 false 时显示选中标记。

⑤ ShortcutKeys 属性：用来获取或设置一个值，该值指示与菜单项相关联的快捷键。

⑥ Items 属性：表示控件的各菜单项的集合，其中每个菜单项为 ToolStripMenuItem。除了直接在设计界面添加菜单项外，也可以通过控件的 Items 属性打开集合编辑器，在项集合中进行添加、修改和删除菜单项。

⑦ Visible 属性：设置菜单项是否可用。

Click 事件：在用户单击菜单项时发生。

7.1.2 ContentMenuStrip 控件

通过 ContentMenuStrip 控件可以制作上下文快捷菜单。上下文菜单通常由用户用鼠标右键单击后弹出，所以也称为右键菜单或快捷菜单，上下文菜单一般同一个或多个控件相关联。

使用 ContentMenuStrip 控件可以方便地创建上下文菜单，其设计步骤同主菜单相似。方法是先添加 ContentMenuStrip 控件，设置其菜单项，然后设置与之关联控件的 ContentMenuStrip 属性为添加的 ContentMenuStrip 控件。

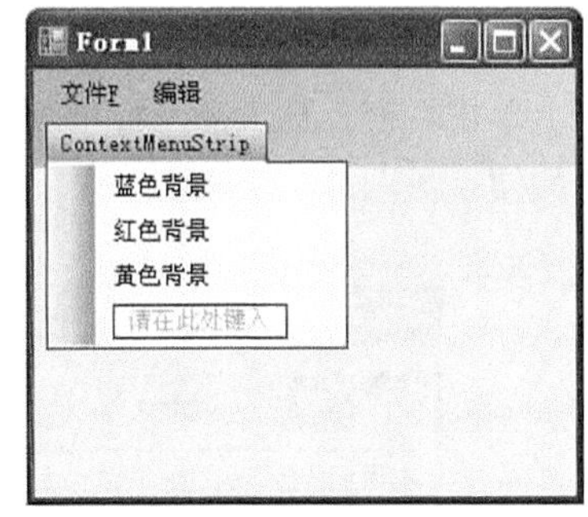

图 7-4　上下文菜单项

【例 7-2】创建上下文菜单。实现如下功能，运行时在窗体中单击鼠标右键可以设计窗体的背景颜色。

在例 7-1 基础上，为窗体添加一个 ContentMenuStrip 控件。参照图 7-4 设计菜单项。

选中窗体 Form1，在其属性窗口中找到 ContentMenuStrip 属性，将其属性值设为添加的 ContentMenuStrip1。

在各菜单项上双击，为各菜单项编写事件处理程序。代码如下：

```
private void toolStripMenuItem2_Click(object sender, EventArgs e)
{
    this.BackColor = Color.Blue;
}
private void toolStripMenuItem3_Click(object sender, EventArgs e)
{
```

```
        this.BackColor = Color.Red;
    }
    private void toolStripMenuItem4_Click(object sender, EventArgs e)
    {
        this.BackColor = Color.Yellow;
    }
```

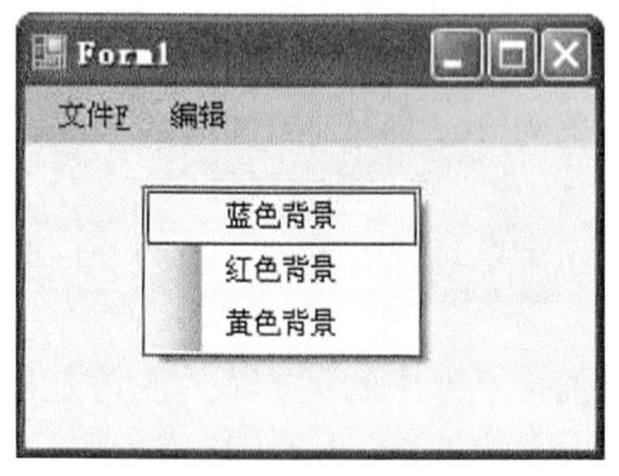

图 7-5 程序运行结果

编写完成后，编译运行。程序运行结果见图 7-5 所示，在窗体空白处单击鼠标右键会弹出快捷菜单，选择其中一项，窗体背景色会改变。

7.1.3 ToolsStrip 工具栏控件

ToolsStrip 称为工具栏控件。设计功能完美、界面友好的 Windwos 应用程序应该为用户提供多种形式的操作方法，以满足用户的不同操作习惯。工具栏中可以包含应用程序最常用的命令，使用户能够快速使用应用程序的主要功能，为用户提高操作效率提供了一个很好的途径。

工具栏中包含多个按钮，每个按钮上面通常都带有图标，它们形象说明了该按钮所能完成的功能。除了按钮，工具栏上有时还会有组合框和文本框。如果把鼠标停留在工具栏的某个按钮上，就会显示一个提示信息，说明该按钮的使用方法或者功能。

ToolStrip 控件常用属性如下。

① LayoutStyle 属性：设置工具栏上的项如何显示，有水平、垂直等形式。

② Items 属性：工具栏包含的项的集合。单击该属性右边的【…】按钮，会打开如图 7-6 所示的“项集合编辑器”对话框。在对话框中可以添加、删除工具栏中项目。在工具栏中可以添加的项目有按钮、标签、下拉框、文本框等控件。

除此之外还可以在窗体界面中直接设计工具栏上的各控件，用户还可以在 ToolStrip 控件上单击右键，选“插入标准项”，在工具栏中会插入常见的工具，如新建、打开、保存等工具按钮，见图 7-7 所示。

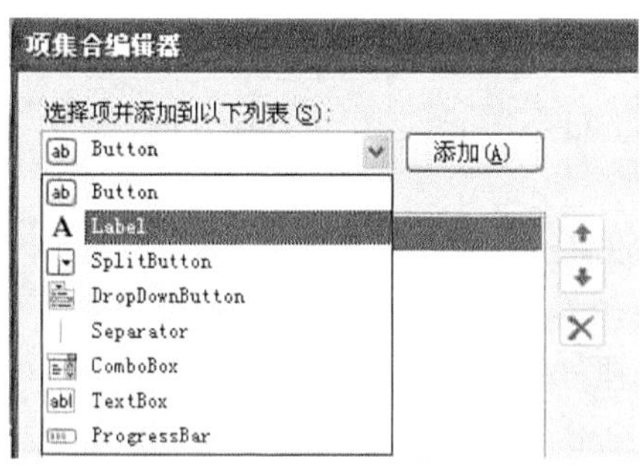

图 7-6 项集合编辑器

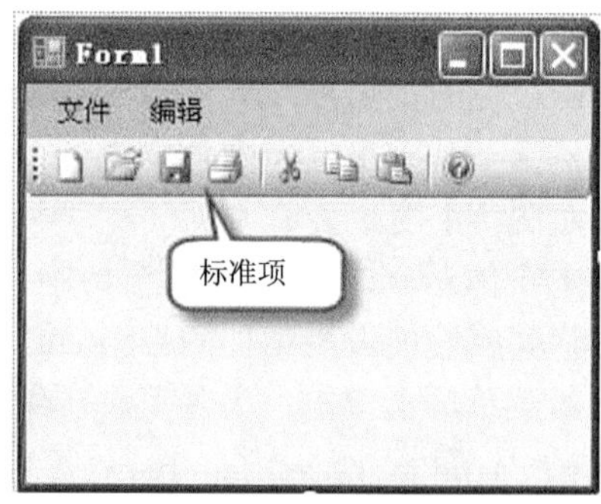

图 7-7 插入标准项

在工具栏中常用事件是工具栏中命令按钮的 Click 事件，只要在命令按钮上双击即可添加单击事件处理程序，与 MenuStrip 菜单相似。

7.1.4 StatusStrip 控件

StatusStrip 控件又称状态栏控件。状态栏是在应用程序窗口下部的一个输出区域，通常用于显示应用程序的运行状态，方便用户了解程序当前的运行情况。例如在 Word 中打开一个文档时，在窗口的下部状态栏中会显示文档的页数、当前光标位置所在的行、列等信息。

StatusStrip 控件是一个容器控件，可以在此控件中添加 ToolStripItem 对象来创建状态栏的面板。方法是在 StatusStrip 控件属性窗体找到 Items 属性，点击即可打开 StatusStrip 控件的“项集合编辑器”窗口，如图 7-6 所示。在该窗口可以添加状态栏中可以显示的元素。在 StatusStrip 控件中添加的 ToolStripItem 对象包括 ToolStripDripDownButton、ToolStripProgress Bar、ToolStripSplitButton 等控件，我们经常用到是 ToolStripStatusLabel 控件，该控件使用文本或图像的方式显示应用程序当前的状态信息。

ToolStripStatusLabel 的常用属性和事件如下。

① AutoSize 属性：设置是否自动调整控件的大小以完整显示其内容。

② Text 属性：设置需要在状态栏上显示的文本。

③ ToolTipText：设置提示文本。

④ Image：设置在状态栏上显示的图标。

⑤ Click 事件：单击控件时发生的事件。

【例 7-3】为例 7-1 中窗体添加状态栏，在状态上显示当前系统时钟。

① 在窗体中添加 StatusStrip 控件，通过 StatusStrip 的 Items 属性在状态栏中添加两个 ToolStripStatusLabel 控件。然后在窗体中添加一个 Timer 控件。

② 编写事件处理代码。

在窗体的 Load 事件输入如下代码：

```
private void Form1_Load(object sender, EventArgs e)
{
    timer1.Enabled = true; //定时器开始工作
    timer1.Interval = 1000; //时间间隔为 1s
    toolStripStatusLabel1.Text = "";
}
private void timer1_Tick(object sender, EventArgs e)
{   //在状态栏上更新时间显示
    toolStripStatusLabel1.Text = "系统时间是： " + DateTime.Now.ToString();
}
```

代码编写完成之后运行程序，程序运行结果见图 7-8 所示。

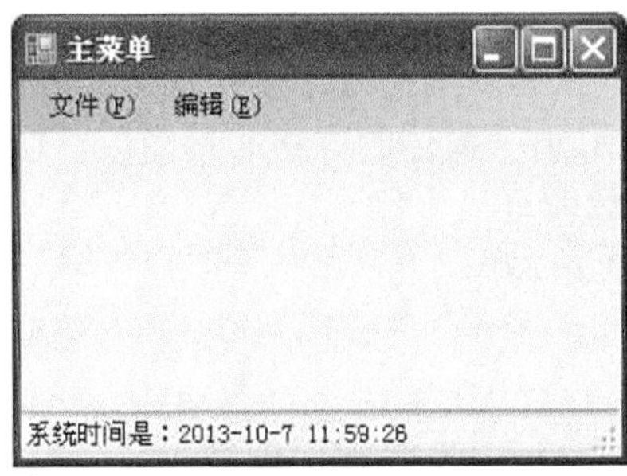

图 7-8　程序运行结果

7.2 MDI 多窗体应用程序设计

Windows 应用程序用户界面主要有 SDI（Single Document Interface）单文档界面和 MDI（Multiple Document Interface）多文档界面两种。单文档界面（SDI）应用程序如记事本和画图程序，运行一次只能打开一个窗体或文档。如果需要编辑多个文档，必须运行应用程序的多个实例。多文档界面（MDI）应用程序，如 Word 和 Adobe Photoshop 等，用户可以同时编辑多个文档。

MDI 程序中的应用程序窗体称为父窗体（主窗体）应用程序内部的窗体称为子窗体。MDI 应用程序可以具有多个子窗体，每个子窗体只能有一个父窗体，子窗体不能移动到它们的父窗体区域之外。子窗体可以单独关闭，不影响其他子窗体和主窗体，主窗体关闭所有子窗体一同被关闭。主窗体和子窗体都可以有菜单，但子窗体的菜单在显示后显示在主窗体的菜单中。

子窗体的行为与任何其他窗体一样（如可以关闭、最小化和调整大小等）。当最小化子窗体时，它的图标将显示在主窗体的左下角。当最大化子窗体时，子窗体标题与主窗体标题组合在一起，并显示在主窗体的标题栏上。

（1）MDI 主窗体　建立 MDI 应用程序，首先要创建主窗体，方法是将作为主窗体的窗体的 IsMdiContainer 属性设为 True。

MDI 主窗体常用属性、事件和方法如下。

① ActiveMdiChild 属性：该属性用来表示当前活动的 MDI 子窗体，如果当前没有子窗体，则返回 null。

② IsMdiContainer 属性：该属性用来获取或设置一个值，该值指示窗体是否为多文档界面（MDI）子窗体的容器，即 MDI 父窗体。值为 true 时，表示是父窗体，值为 false 时，表示不是父窗体。

③ MdiChildren 属性：该属性以窗体数组形式返回 MDI 子窗体，每个数组元素对应一个 MDI 子窗体。

④ MdiChildActivate 事件：激活或关闭子窗体时发生。

⑤ LayOutMdi()方法：排列主窗体中的子窗体。

语法格式：

```
this.LayoutMdi(参数值);//this 代表的是主窗体
```

该方法的参数表示子窗体的排列方式，参数值是 MdiLayout 类型的枚举值，其取值如下：

MdiLayout.ArrangeIcons：所有子窗体都排列在主窗体的工作区内。

MdiLayout.Cascade：子窗体以层叠方式排列在主窗体的工作区内。

MdiLayout.TileHorizontal：子窗体以水平方式排列在工作区内。

MdiLayout.TileVertical：子窗体以垂直方式排列在工作区内。

（2）MDI 子窗体　创建 MDI 子窗体的方法非常简单，在创建窗体之后，只需将新建窗体的 MdiParent 属性设为主窗体即可。

【例 7-4】创建 MDI 窗体应用程序。

开发步骤如下。

① 本例在例 7-3 的基础上进行。将 Form1 的 IsMdiContainer 属性设为 True。在主菜单中添加“窗口”，在其子菜单中添加层叠、水平排列、垂直排列菜单项。

② 在项目中添加一个 Windows 窗体，将窗体的 Name 属性设为 frmChild。在窗体中添加一个标签控件，显示为“这是子窗体”。

在主窗体菜单【文件】下拉【新建】菜单项上双击，编写事件代码如下：

```
private void 新建ToolStripMenuItem_Click(object sender, EventArgs e)
{
    frmChild frm1 = new frmChild();
    frm1.MdiParent = this;
    frm1.Show();
}
```

在【窗口】【层叠】、【水平排列】、【垂直排列】子菜单上双击，编写事件处理代码如下：

```
private void 层叠ToolStripMenuItem_Click(object sender, EventArgs e)
{
    this.LayoutMdi(MdiLayout.Cascade);
}
private void 水平排列ToolStripMenuItem_Click(object sender, EventArgs e)
{
    this.LayoutMdi(MdiLayout.TileHorizontal);
}
private void 垂直排列ToolStripMenuItem_Click(object sender, EventArgs e)
{
    this.LayoutMdi(MdiLayout.TileVertical);
}
```

程序完成后编译运行，单击【文件】菜单下的【新建】菜单项，在窗体中新建子窗体，再次操作，建立两个子窗体，再选择【窗口】→【垂直排列】，两个子窗体会垂直排列在主窗体工作区内，程序运行效果见图 7-9 所示。

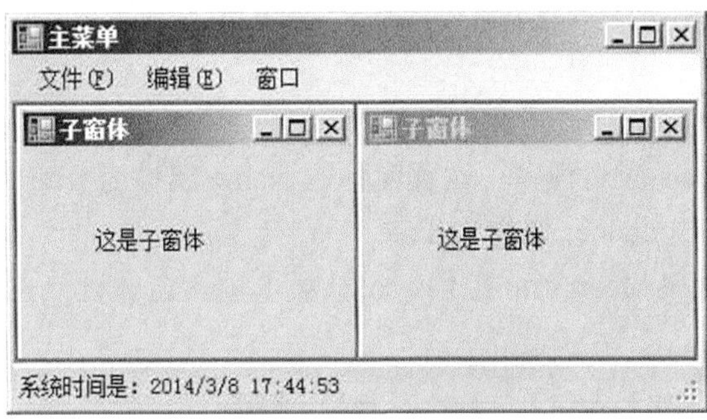

图 7-9 MDI 应用程序

习 题 7

一、选择题

1．在设计菜单时，若希望某个菜单项前面有一个“√”号，应该把该菜单项的（　　）

属性设置为 True。

A．Checked B．RadioCheck C．ShowShortcut D．Enabled

2．可通过设置 MDI 子窗体的（ ）属性来指定该子窗体的 MDI 父窗体。

A．ActiveMdiChild B．IsMdiChild C．MdiChildren D．MdiParent

3．如果要隐藏并禁用菜单项，需要设置（ ）两个属性。

A．Visible 和 Enable B．Visible 和 Enabled

C．Visual 和 Enabl D．Visual 和 Enabled

4．设置需要使用的弹出式菜单的窗体或控件的（ ）属性，即可激活弹出式菜单。

A．MenuStrip B．ContextedMenu

C．ContextMenuStrip D．ContextedMenuStrip

5．MDI 的相关属性中，（ ）属性可以将一个窗体设置为 MDI 子窗体。

A．IsMDIChild B．IsMDIContainer

C．MDIChildren D．MDIParent

二、填空

1．若想让菜单标题显示为“工具[T]”，应把菜单项的 Text 属性值设置为________。

2．若要把窗体设置为 MDI 父窗体，应把它的________属性设置为 True。

3．要制作工具栏，可以使用 C#中的________控件。

4．菜单可以分为两种形式：________和________。

5．能实现状态栏功能的控件是________。

实训案例 7 学生信息管理系统界面设计

一、实训目的

运用本章介绍的菜单、MDI 多窗体应用程序等内容设计学生信息管理系统的用户界面。通过实训，熟悉掌握用户界面设计方法和技巧，掌握如何将用户的需要转换为系统的功能。

二、实训内容

学生信息管理系统由一个 MDI 窗体和多个 MDI 子窗体组成，主窗体包含主菜单、工具栏，用户单击菜单项可以调用相应的子窗体。

设计步骤如下。

（1）新建一 Widnows 应用程序。设置窗体的 Name 属性为 frmMain，Text 属性为“学生信息管理系统”，IsMdiContainer 属性为 True。

（2）在主窗体中添加 MenuStrip 控件，设计菜单项。窗体设计见图 7-10 所示。

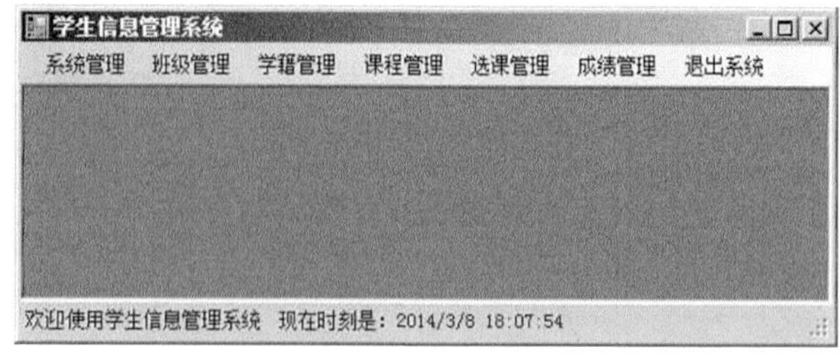

图 7-10 主窗体设计

（3）向项目中添加其余的窗体。各窗体文件及功能见表 7-1 所示。

表 7-1　各窗体及属性设置

模块名称	文件名	功能描述
登录	frmLogin	用户登录
主窗体	frmMain	除登录窗体之外其他窗体的父窗体，通过菜单进行其他功能窗体
系统管理	frmSys	系统用户管理，修改密码
班级管理	frmClass	班级信息的查询、编辑、增加和删除
学籍管理	frmStudent	学生信息的查询、编辑、增加和删除
课程管理	frmCourse	课程信息的查询、编辑、增加和删除
选课管理	frmSelectCourse	学生选择课程的查询、编辑、增加和删除
成绩管理	frmScore	学生成绩查询、录入、编辑

（4）在窗体中填加状态栏 StatusStrip 控件，单击该控件右上角的黑色三打开“StatusStrip”任务栏，选择 StatusLabel，填加两个 StatusLabel 控件，将两控件的 Text 属性设为空。

（5）在窗体中填加 Timer 控件，将其 Interval 设为 1000。

（6）编写事件处理代码。在窗体事件中使状态栏显示欢迎信息，同时显示当前的时间，代码如下：

```
private void frmMain_Load(object sender, EventArgs e)
{
    toolStripStatusLabel1.Text = "欢迎使用学生信息管理系统 ";
    toolStripStatusLabel2.Text = "现在时刻是："+DateTime.Now.ToString();
    timer1.Enabled = true;
    timer1.Interval = 1000;
}
```

Timer 控件的 Tick 事件使状态栏上时间进行更新，代码如下：

```
private void timer1_Tick(object sender, EventArgs e)
{
    toolStripStatusLabel2.Text = "现在时刻是：" + DateTime.Now.ToString();
}
```

在设计的各菜单项上双击，为菜单项编写事件处理程序，实现在主窗体中打开各子窗体，代码基本上相同，以打开“成绩录入”窗体为例，其代码如下：

```
private void menuStudent_Click(object sender, EventArgs e)
{
    frmScore frm_score = new frmScore();//子窗体实例
    frm_score.MdiParent = this;   //子窗体的父窗体为当前窗体
    frm_score.Show();                //显示子窗体
    toolStripStatusLabel1.Text = "当前活动窗口是学籍管理";
}
```

（7）设计用户登录窗体，实现用户登录。登录窗体设计如图 7-11 所示。

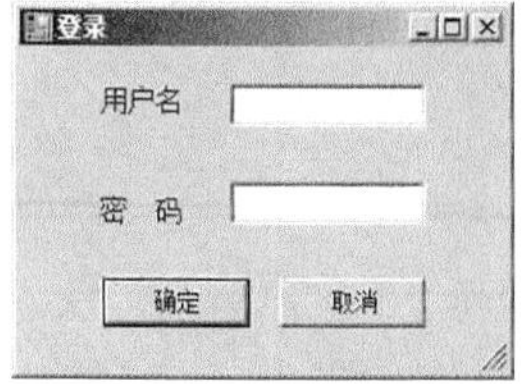

图 7-11 登录窗体设计

登录验证的实现：在窗体体类中添加一个全局的 Bool 型静态变量 LoginOk，其初值为 False。如果用户名称密码验证通过，则将 LoginOk 置为 True。在本实训中用户名和密码均设定为“admin”，在实际项目中应该把用户信息保存在数据库中，其实现见第 9 章相关内容。

【确定】按钮的事件处理程序如下：

```
static int i = 0;//记录登录次数
public static bool LoginOk=false;
private void btnOk_Click(object sender, EventArgs e)
{
    if (txtName.Text.Equals("admin")&& txtPass.Text.Equals("admin"))
     {
         LoginOk = true;
         this.Close();
     }
     else
         if (i > 2)
         {
             MessageBox.Show("登录错误已到限定次数，系统将关闭！");
             this.Close();
         }
     else
     {
         i++;
         MessageBox.Show("用户名或密码错误！");
     }
}
```

（8）设定应用程序启动顺序，修改 Program 类中的 Main()方法，使登录窗体首先启动，正确登录后显示主窗体。Main()方法中的代码如下：

```
static void Main()
{
    frmLogin frmLogin = new frmLogin();
    frmLogin.ShowDialog();//以模式窗口方式显示登录窗体
    if (××××frmLogin.LoginOk == true)
    {
        Application.Run(new frmMain());
    }
}
```

代码编写完成之后，运行程序，首先显示的是登录窗体，在登录窗体中输入用户名和密码，单击【确定】，如果用户名和密码正确，登录窗体会关闭，然后显示主窗体。在主菜单中单击打开子菜单，单击某一子菜单，会打开相应功能的子窗体，同时状态栏有提示信息。如

图 7-12 为打开成绩录入子窗体的运行结果。

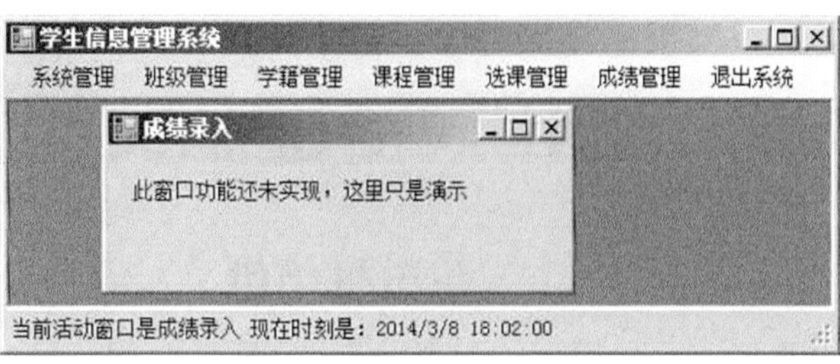

图 7-12　程序运行结果

第 8 章　通用对话框和文件操作

8.1　通用对话框

对话框是应用程序与用户交互的重要手段。C#中提供了多种类型的对话框控件， 其中Windows 标准对话框有关于文件操作的对话框，如文件打开、另存为、浏览文件夹，有关于打印的对话框，还有颜色设定对话框、字体设定对话框等。除此之外 MessageBox 也是一种常用的消息对话框。

8.1.1　MessageBox

在程序中，经常使用消息对话框给用户一定的信息提示，如在操作过程中遇到错误或程序异常等。在 C#中，MessageBox 消息对话框位于 System.Windows.Forms 命名空间中，一般情况，一个消息对话框包含信息提示文字内容、消息对话框的标题文字、用户响应的按钮及信息图标等内容。C#中允许开发人员根据自己的需要设置相应的内容，创建符合自己要求的信息对话框。

MessageBox 消息对话框只提供了一个方法即 Show()，用来把消息对话框显示出来。此方法提供了不同的重载版本，用来根据需要设置不同风格的消息对话框，其格式为：

```
MessageBox.Show(消息内容,对话框标题,按钮样式,图标类型);
```

其中按钮样式参数为 MessageBoxButtons 类型的枚举值，其取值为见表 8-1 所示。

表 8-1　MessageBox 按钮样式

成 员 名 称	说　明
AbortRetryIgnore	在消息框对话框中提供“中止”、“重试”和“忽略”三个按钮
OK	在消息框对话框中提供“确定”按钮
OKCancel	在消息框对话框中提供“确定”和“取消”两个按钮
RetryCancel	在消息框对话框中提供“重试”和“取消”两个按钮
YesNo	在消息框对话框中提供“是”和“否”两个按钮
YesNoCancel	在消息框对话框中提供“是”、“否”和“取消”三个按钮

MessageBox.Show()方法的返回类型为 DialogResult 枚举类型，根据用户在对话框中点击不同的按钮，返回的值是包含用户在此消息对话框中所做的操作（点击了什么按钮），其可能的枚举值有以下几种：Abort、Retry、Ignore、OK、Cancel、Yes、No。

【例 8-1】MessageBox 消息框的使用。

新建一项目，在窗体中添加 Label 和 Button 控件，在 Button 控件的事件处理程序中输入如下代码：

```
private void button1_Click(object sender, EventArgs e)
{
DialogResult dr = MessageBox.Show("消息","标题",MessageBoxButtons.AbortRetryIgnore);
```

```
        label1.Text = "你点击的按钮是：" + dr.ToString();
    }
```

程序运行，主窗体见图 8-1 所示。在主窗体中单击命令按钮会弹出消息框，见图 8-2 所示。

图 8-1 主窗体

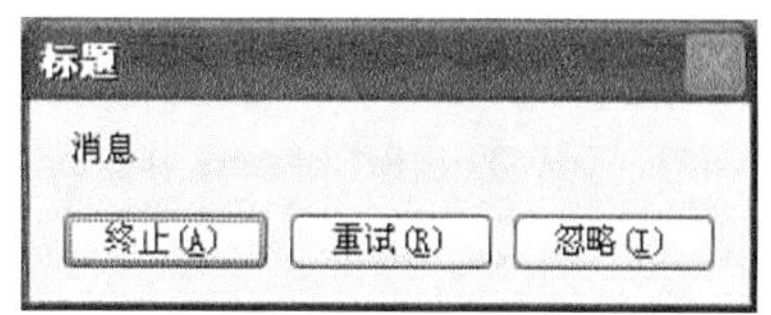

图 8-2 消息框

在消息框单击三个按钮中的一个，在主窗体的标签控件中显示用户在对话框中点击了哪个按钮，图 8-1 所示。

8.1.2 OpenFileDialog 控件

OpenFileDialog 控件又称打开文件对话框，主要用来弹出 Windows 中标准的“打开文件”对话框，用来选择打开文件的路径和文件名。

OpenFileDialog 控件的常用属性如下。

① Title 属性：用来获取或设置对话框标题，默认值为空字符串（""）。

② Filter 属性：用来获取或设置当前文件名筛选器字符串，该字符串决定对话框的“文件类型”框中出现的可选择的内容。对于每个筛选选项，筛选器字符串都包含筛选器说明、垂直线条（|）和筛选器模式。不同筛选选项的字符串由垂直线条隔开。

例如，筛选器字符串设定为“文本文件(*.txt)|*.txt|所有文件(*.*)|*.*”，这代表提供的筛选项为“文本文件”和“所有文件”两种。打开文件对话框中文件类型会出现如图 8-3 所示的效果。

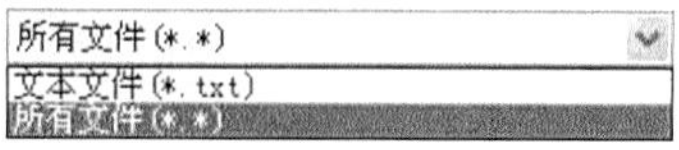

所有文件(*.*)
文本文件(*.txt)
所有文件(*.*)

图 8-3 文件类型筛选器

筛选器字符串还可以通过用分号来分隔各种文件类型，将多个筛选器模式添加到筛选器中。例如，“图像文件(*.BMP;*.JPG;*.GIF)|*.BMP;*.JPG; *.GIF|所有文件(*.*)|*.*”。

③ FilterIndex 属性：用来获取或设置文件对话框中当前选定筛选器的索引。第一个筛选器的索引为 1，默认值为 1。

④ FileName 属性：用来获取在打开文件对话框中选定的文件名的字符串。文件名既包含文件路径，又包含扩展名。如果未选定文件，该属性将返回空字符串（""）。

⑤ InitialDirectory 属性：用来获取或设置文件对话框显示的初始目录，默认值为空字符串（""）。

⑥ ShowReadOnly 属性：用来获取或设置一个值，该值指示对话框是否包含只读复选框。如果对话框包含只读复选框，则属性值为 true，否则属性值为 false。默认值为 false。

⑦ ReadOnlyChecked 属性：用来获取或设置一个值，该值指示是否选定只读复选框。如果选中了只读复选框，则属性值为 true，反之，属性值为 false。默认值为 false。

⑧ Multiselect 属性：用来获取或设置一个值，该值指示对话框是否允许选择多个文件。如果对话框允许同时选定多个文件，则该属性值为 true，反之，属性值为 false。默认值为 false。

⑨ ShowDialog 方法，该方法的作用是显示对话框，其他对话框控件均具有 ShowDialog 方法。

【例 8-2】打开文件对话框的应用

本例在例 7-1 基础上进行，实现如下功能：用户单击【文件】→【打开】时，弹出“打开文件对话框”，用户选定文件后，返回选定的文件名。

在工具箱上找到 OpenFileDialog 控件并添加到窗体上。在控件的 Filter 属性填筛选器字符串：“文本文件(*.txt)|*.txt|Word 文档(*.doc)|*.doc|所有文件(*.*)|*.*”。

在主菜单【文件】→【打开】菜单项上双击，在事件处理程序中编写如下代码：

```
private void 打开 ToolStripMenuItem_Click(object sender, EventArgs e)
{
    string filename;
    openFileDialog1.ShowDialog();
    filename = openFileDialog1.FileName;
    MessageBox.Show("你选择的文件名是" + filename);
}
```

运行程序，在【文件】→【打开】菜单项上单击，会打开如图 8-4 所示的对话框。

图 8-4　打开文件对话框

将文件类型设置为“Word 文档”，选择某一文件，单击【打开】按钮，程序会将返回所选择的文件名并通过消息对话框显示，见图 8-5 所示。

图 8-5　单击【打开】后弹出的消息对话框

8.1.3　SaveFileDialog 控件

SaveFileDialog 控件又称保存文件对话框，用来打开 Windows 中标准的【保存文件】对话框。

SaveFileDialog 控件也具有 FileName、Filter、FilterIndex、InitialDirectory、Title 等属性，这些属性的作用与 OpenFileDialog 对话框控件基本一致，此处不再赘述。

需注意的是：打开文件和保存文件对话框控件中只返回要打开或保存的文件名，并没有真正提供打开或保存文件的功能，程序员必须自己编写文件打开或保存程序，才能真正实现文件的打开和保存功能。

8.1.4 FontDialog 控件

FontDialog 控件又称字体对话框，主要用来弹出 Windows 中标准的【字体】对话框。字体对话框的作用是显示当前安装在系统中的字体列表，供用户进行选择。

FontDialog 控件的主要属性如下。

① Font 属性：该属性是字体对话框的最重要属性，通过它可以设定或获取字体信息。

② Color 属性：用来设定或获取字符的颜色。

③ MaxSize 属性：用来获取或设置用户可选择的最大磅值。

④ MinSize 属性：用来获取或设置用户可选择的最小磅值。192VisualC#.NET 应用教程

⑤ ShowColor 属性：用来获取或设置一个值，该值指示对话框是否显示颜色选择框。如果对话框显示颜色选择框，属性值为 true，反之，属性值为 false。默认值为 false。

⑥ ShowEffects 属性：用来获取或设置一个值，该值指示对话框是否包含允许用户指定删除线、下划线和文本颜色选项的控件。如果对话框包含设置删除线、下划线和文本颜色选项的控件，属性值为 true，反之，属性值为 false。默认值为 true。

8.1.5 ColorDialog 控件

ColorDialog 控件又称颜色对话框，主要用来弹出 Windows 中标准的【颜色】对话框。颜色对话框的作用是供用户选择一种颜色，并用 Color 属性记录用户选择的颜色值。

ColorDdialog 控件的主要属性如下。

① AllowFullOpen 属性：用来获取或设置一个值，该值指示用户是否可以使用该对话框定义自定义颜色。如果允许用户自定义颜色，属性值为 true，否则属性值为 false。默认值为 true。

② FullOpen 属性：用来获取或设置一个值，该值指示用于创建自定义颜色的控件在对话框打开时是否可见。值为 true 时可见，值为 false 时不可见。

③ AnyColor 属性：用来获取或设置一个值，该值指示对话框是否显示基本颜色集中可用的所有颜色。值为 true 时，显示所有颜色，否则不显示所有颜色。

④ Color 属性：用来获取或设置用户选定的颜色。

【例 8-3】设置文本的字体和颜色

新建一个 Windows 应用程序，在窗体中添加一个 RichTextBox 控件和两个按钮控件以及 FontDialog 控件和 ColorDialog 控件，两个按钮控件的文本设为“设置文本字体”和“设置文本颜色”。

在两个命令按钮的 Click 事件中添加代码如下：

```
private void btnFont_Click(object sender, EventArgs e)
{
    fontDialog1.ShowDialog();
    Font myfont = fontDialog1.Font;
    richTextBox1.Font = myfont;
}
private void btnColor_Click(object sender, EventArgs e)
{
```

```
        colorDialog1.ShowDialog();
        Color mycolor = colorDialog1.Color;
        richTextBox1.ForeColor = mycolor;
    }
```

代码编写完成后运行，在文本框中输入部分文本，单击【设置文本字体】打开字体设置对话框，对文本框中的字体进行设置，单击【设置文本颜色】对话框，选定一种颜色，文本框中的文本将设为选定的颜色。程序运行结果见图 8-6 所示。

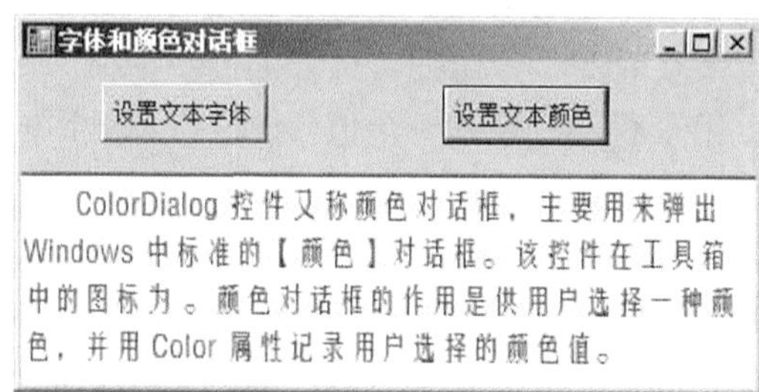

图 8-6　程序运行结果

8.2　文件与目录

文件是指在各种存储介质中永久存储的数据的集合。在实际的应用程序设计中，经常需要将一些数据以文件的形式保存下来，或者从文件中读取数据。微软的.Net 框架提供了对文件和文件夹进行操作的类，这些类位于 System.IO 命名空间。表 8-2 列出了用于文件操作的常用类及功能说明。本节介绍在 C#语言中如何处理目录和文件夹，如何处理文件，如何使用流的概念读写文件。

表 8-2　文件操作类及功能说明

类　　名	说　　明
Direction	提供创建、复制、删除、移动和打开目录的静态方法
DirectionInfo	提供创建、移动和枚举目录和子目录的实例方法
File	提供创建、复制、删除、移动和打开文件的静态方法，并协助创建 FileStream 对象
FileInfo	提供创建、复制、删除、移动和打开文件的实例方法，并帮助创建 FileSystem 对象
FileStream	指向文件流，支持对文件的读/写，支持随机访问文件。
StreamReader	从流中读取字符数据
StreamWrite	向流中写入字符数据
Path	提供路径操作的静态方法

C#语言中通过 File 和 FileInfo 类来创建、复制、删除、移动和打开文件。在 File 类中提供了一些静态方法，使用这些方法可以完成以上功能，但 File 类不能建立对象。FileInfo 类使用方法和 File 类基本相同，但 FileInfo 类能建立对象。在使用这两个类时需要引用 System.IO 命名空间。这里重点介绍 File 类的使用方法。

8.2.1　File 类常用的方法

File 类提供的静态方法见表 8-3。

表 8-3　File 类常用的静态方法

方 法 名	功 能 说 明
AppendTextz()	返回 StreamWrite，向指定文件添加数据；如文件不存在，就创建该文件
Copy()	复制指定文件到新文件夹
Create()	按指定路径建立新文件
Delete()	删除指定文件
Exists()	检查指定路径的文件是否存在，若存在则返回 true
GetAttributes()	获取指定文件的属性
GetCreationTime()	返回指定文件或文件夹的创建日期和时间
GetLastAccessTime()	返回上次访问指定文件或文件夹的创建日期和时间
GetLastWriteTime()	返回上次写入指定文件或文件夹的创建日期和时间
Move()	移动指定文件到新文件夹
Open()	返回指定文件相关的 FileStream，并提供指定的读/写许可
OpenRead()	返回指定文件相关的只读 FileStream
OpenWrite()	返回指定文件相关的读/写 FileStream
SetAttributes()	设置指定文件的属性
SetCretionTime()	设置指定文件的创建日期和时间
SetLastAccessTime()	设置上次访问指定文件的日期和时间
SetLastWriteTime()	设置上次写入指定文件的日期和时间

当在.NET 代码中规定路径名时，可以使用绝对路径名，也可以使用相对路径名。绝对路径名显式地规定文件或目录来自于哪个已知具体的位置。

相对路径名相对于应用程序在文件系统上运行的位置。通过使用相对路径名称，无需规定已知的驱动器或位置，当前的目录就是起点。例如，如果应用程序运行在“D：\C#\ExFile”目录上（这里的应用程序是指代码生成后的 exe 文件），并使用了相对路径“File.txt”，则该文件就位于“D：\C#\ExFile\File.txt”中。为了上移目录，则可以使用“..”字符。这样，在同一个应用程中路径“../test.txt”是指向应用程序所在的目录的上一级目录里的文件 test.txt。

下面简要介绍 File 类的主要方法：

① 创建文件

```
File.Creage(“D:\\C#\\File1.txt”);//使用绝对路径，在 D:\C#文件夹下创建文件 File.txt
```

② 复制文件

```
File.Copy(“D:\\C#\\File1.txt”, “D:\\C#\\File2.txt”)//复制 File1.txt 并命名为 File2.txt
```

③ 移动文件

```
File.Move(“D:\\C#\\File1.txt”, “D:\\C#\\File2.txt”)
```

④ 删除文件

```
File.Delete(“D:\\C#\\File1.txt”)
```

8.2.2　Directory 类和 DirectoryInfo 类

C#语言中通过 Directory 类来创建、复制、删除、移动文件夹。在 Directory 类中提供了一些静态方法，使用这些方法可以完成以上功能。但 Directory 类不能建立对象。DirectoryInfo 类使用方法和 Directory 类基本相同，但 DirectoryInfo 类能建立对象。这里重点介绍 Directory 类的使用方法。

Directory 类常用的方法如表 8-4 所示。

表 8-4 Directory 类常用方法

方 法 名	功 能 说 明
CreateDirectory()	按指定路径创建所有文件夹和子文件夹
Delete()	删除指定文件夹
Exists()	检查指定路径的文件夹是否存在，若存在则返回 true
GetCreationTime()	返回指定文件或文件夹的创建日期和时间
GetCurrentDirectory()	获取应用程序的当前工作文件夹
GetDirectories()	获取指定文件夹中子文件夹的名称
GetDirectoryRoot()	返回指定路径的卷信息、根信息或两者同时返回
GetFiles()	返回指定文件夹中子文件的名称
GetFileSystemEntries()	返回指定文件夹中所有文件和子文件的名称
GetLastAccessTime()	返回上次访问指定文件或文件夹的创建日期和时间
GetLastWriteTime()	返回上次写入指定文件或文件夹的创建日期和时间
GetLogicalDrives()	检索计算机中的所有驱动器，例如 A、C 等
GetParent()	获取指定路径的父文件夹，包括绝对路径和相对路径
Move()	将指定文件或文件夹及其内容移动到新位置
SetCreationTime()	设置指定文件或文件夹的创建日期和时间
SetCurrentDirectory()	将应用程序的当前工作文件夹设置指定文件夹
SetLastAccessTime()	设置上次访问指定文件或文件夹的日期和时间
SetLastWriteTime()	设置上次写入指定文件夹的日期和时间

8.2.3 Path 类

Path 类用来处理路径字符串，其主要方法见表 8-5。

表 8-5 Path 类的主要方法

方 法	含 义
ChangExtension()	更改路径字符串的扩展名
Combine()	合并两个路径的字符串
GetDirectoryName()	返回指定路径字符串的目录信息
GetExtension()	返回指定路径字符串的扩展名
GetFileName()	返回指定路径字符串的文件名和扩展名
GetFileNameWithoutExtension()	返回不带扩展名的指定路径字符串的文件名
GetFullPath()	返回指定路径字符串的绝对路径
GetTempPath()	返回当前系统临时文件夹的路径
HasExtension()	确定路径是否包括文件扩展名

8.3 文件的读写操作

在.NET Framework 中进行的所有的输入和输出工作都要使用到流。流是串行化设备的抽象。串行化设备可以以线性方式存储数据，并可以以同样的方式访问。在 C#中用抽象类 Stream 代表一个流。从 Stream 类派生出许多派生类，例如 FileStream 类，负责字节的读写，BinaryRead 类和 BinaryWrite 类负责读写基本数据类型，如 bool、String、int16、int 等等，TextReader 类和 TextWriter 类负责文本的读写。

流的基本操作读取、写入和查找。

8.3.1　FileStream 类

FileStream 类是对文件进行读写的流，主要用于对二进制文件的读写。FileStream 操作的是字节和字节数组，这使得 FileStream 类可以用于任何数据文件，而不仅仅是文本文件，例如通过读取字节数据就可以读取类似图像和声音的文件。但是这种灵活性的代价是不能使用它直接读入字符串。用 FileStream 类读写文件的过程比较复杂，要处理字符类型的数据一般使用 StreamWriter 和 StreaMeader 类。

8.3.2　StreamReader 类和 StreamWriter 类

StreamReader 类是用来从外部文件读取数据流，其主要方法有见表 8-6。

表 8-6　StreamReader 类的主要方法

名　　称	功 能 说 明
Read()	读取输入流的下一个字符
ReadLine()	读入输入流的一行字符
ReadToEnd()	读取全部内容
Close()	关闭读取数据流

使用 StreamReader 类的步骤是：先声明一个 StreamReader 类的对象，可以用已经存在的 FileStream 对象或者指定一个文件，然后调用 StreamReader 类的方法读取数据，最后调用 Close 方法关闭流。

StreamWriter 类用来向外部文件写入数据的流，表 8-7 列出 StreamWriter 类的主要方法。

表 8-7　StreamWriter 类的主要方法

名　　称	功 能 说 明
Write()	将数据写入流
WriteLine()	将数据写入流并换行
Flush()	将缓冲区的内容写入流
Close()	关闭写入数据流

使用 StreamWriter 类的步骤是：先声明一个 StreamWriter 类的对象，然后调用 StreamWriter 类的方法将数据写入，最后调用 Close 方法关闭流。

【例 8-4】使用 StreamWirte 类向文件写入数据并用 StreamReader 类读出。

新建一个 Windows 应用程序，在窗体中添加两个 TextBox 控件并将 Multiline 属性设为 True，添加两个按钮控件，属性设置可以参照图 8-7。

首先给应用添加引用：

```
using System.IO;
```

在两个命令按钮的事件处理程序中编写如下代码：

```
private void btnWirte_Click(object sender, EventArgs e)
{
    try
    {//创建写入流对象
        StreamWriter steamwrite = new StreamWriter(@"d:\file.txt");
        steamwrite.WriteLine(txtinput.Text); //将文本框内容写入流
```

```
            steamwrite.Close(); //关闭流
        }
        catch (Exception ex)
        {
            MessageBox.Show(ex.Message);
        }
    }
    private void btnRead_Click(object sender, EventArgs e)
    {
     try
        {//创建读入流
            StreamReader steamreader = new StreamReader(@"d:\file.txt");
            txtoutput.Text = steamreader.ReadToEnd();
            steamreader.Close();
        }
        catch (Exception ex)
        {
            MessageBox.Show(ex.Message);
        }
    }
```

代码编写完成之后运行程序，运行结果见图 8-7 所示。

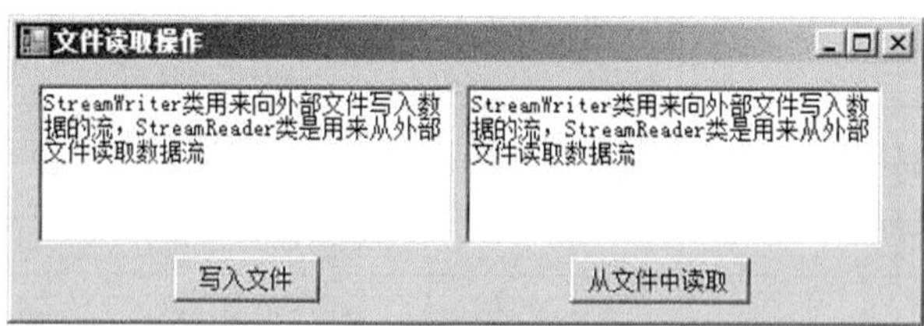

图 8-7　程序运行效果图

习　题　8

一、选择题

1．在 C#程序中，显示一个信息为“This is a test!”，标题为“Hello”的消息框，正确的语句是（　　）。

A．MessageBox(“This is a test!”,”Hello”)

B．MessageBox.Show(“This is a test!”, ”Hello”)

C．MessageBox(“Hello”, ”This is a test!”)

D．MessageBox.Show(“Hello”, ”This is a test!”)

2．在打开文件对话框控件中，（　　）属性返回选择的文件名。

A．FileName　　B．FileNames　　C．Multiselect　　D．Multifiles

3．使用 Dirctory 类的下列方法，可以获取指定文件夹中的文件的是（　　）。

A．Exists()　　B．GetFiles()　　C．GetDirectories()　　D．CreateDirectory()

4．StreamWriter 对象的下列方法，可以向文本文件写入一行带回车和换行的文本的是（　　）。

A．WriteLine()　B．Write()　　C．WritetoEnd()　　D．Read()

二、简答题

对文件进行读写操作涉及哪几个类？它们分别具有哪些重要属性和方法？

三、操作题

1．仿照 Word 中的“文件打开”对话框界面，编制一个自己的文件打开模式对话框。

2．仿照 Windows 记事本设计一个文本编辑器，要求能实现打开、保存、设置字体颜色等功能。

实训案例 8　记录登录日志

一、实训目的

掌握 C#读取文本文件的方法。

二、实训内容

设计一个系统登录窗体，用户输入用户名和密码，验证成功后将用户名和登录时间记载到一文本文件中。

设计步骤如下。

① 新建一 Widnows 应用程序。

② 在窗体中添加标签控件、文本框控件和命令按钮控件，设置各控件的属性，窗体设计见图 8-8 所示。

③ 编写程序代码。

首先创建一个用户类，类名为 UserLog，包含用户名、登录时间、退出时间三个属性。

```
public class UserLog
{
    public string UserName
    {
        get;
        set;
    }
    public DateTime LogTime
    {
        get;
        set;
    }
    public DateTime ExitTime
    {
        get;
        set;
```

```
        }
    }
```

在窗体类中首先声明一个用户对象

```
UserLog ul = new UserLog();//声明一个用户对象
```

在“确定”按钮的事件处理程序中添加如下代码：

```
private void btnOk_Click(object sender, EventArgs e)
{ //为使代码简单，这里使用了固定的用户名和密码，实际应用中应该连接数据库查询
    if (txtname.Text == "admin" && txtpassword.Text == "admin")
    {
        ul.UserName = txtname.Text;
        ul.LogTime = DateTime.Now;//登录时间
        WriteLog(ul, true);//记录登录日志，将当前用户对象作为参数传递
    }
}
```

在窗体的关闭事件处理程序中添加代码如下：

```
private void Form1_FormClosed(object sender, FormClosedEventArgs e)
{
    ul.ExitTime = DateTime.Now;//退出时间
    WriteLog(ul, false);//记录退出日志，将当前用户对象作为参数传递
}
```

WriteLog()方法将登录及退出信息写入日志文件，其实现如下：

```
private void WriteLog(UserLog ul,bool LoginOrExit)
{
    FileStream logfile;//声明文件文件流对象
    logfile = new FileStream(@"C:\log.txt", FileMode.Append);//追加模式打开文件
    StreamWriter sw =new StreamWriter(logfile);//声明输出流对象
    if (LoginOrExit) //判断登录还是退出
    {
        sw.WriteLine("用户名:" + ul.UserName + "\r\n" + "登录时间" + ul.LogTime +
"\r\n");
        //在日志文件中写入格式为：用户名：xxx 登录时间 xxx
    }
    else//退出
    {
        sw.WriteLine("用户名:" + ul.UserName + "\r\n" + "退出时间" + ul.ExitTime +
"\r\n");
    }
    sw.Close();
}
```

程序编码完成后，编译运行程序，效果见图 8-8 所示。

在用户名和密码框中输入“Admin”，单击【确定】，然后关闭程序。打开磁盘 C:，可以看到生成的日志文件，通过记事本打开可以查看其中的内容，如图 8-9 所示。

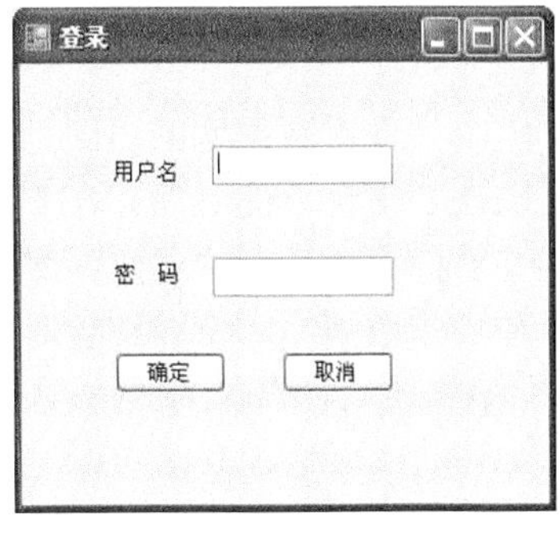

图 8-8　窗体设计

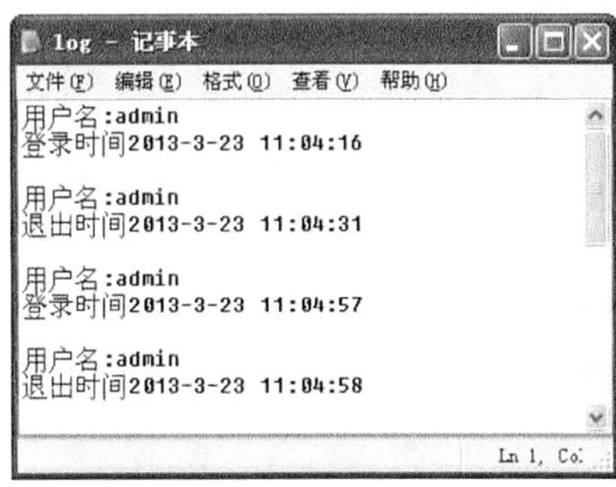

图 8-9　日志文件

第 9 章　使用 ADO.NET 访问数据库

在大多数 Windows 应用程序中数据库处于核心地位，处理对数据库的访问是应用程序开发中重要的组成部分。在 C#中对数据库的访问是通过.NET 平台中的 ADO.NET 来实现的。ADO.NET 是.NET Framework 中的一些类库，ADO.NET 把大量复杂的对数据库的操作加以封装，使开发人员可以非常方便地在应用程序中使用和操作数据。本章介绍了对数据库的基本知识、SQL Server 2005 Express 数据库、ADO.NET 的概念、ADO.NET 的核心对象以及访问数据库的方法。

9.1　C#数据库开发环境介绍

数据库是存储在一起的相关数据的集合，这些数据是结构化的、没有有害的数据并可为多种应用服务。数据库中的数据的存储应该与应用程序无关，对数据库增加新数据、修改和检索数据按照通用的和可控制的方式来进行。目前最流行、应用最广泛的是关系数据库。常见的数据库系统有 FoxPro、Access、Oracle、SQL erver、Sybase 等，这些都是关系数据库。

使用 Visual Studio 2008 开发数据库应用时，可以使用其自带的 SQL Server 2005 Express 数据库，在安装Visual Studio 2008 时 SQL Server 2005 Express 会自动安装，不需要安装任何程序，便可开始使用 SQL Server 2005 Express。

9.1.1　SQL Server 2005 Express 简介

SQL Server 2005 Express（以下简称 SQL Express）是由微软公司开发的 SQL Server 2005 的缩减版，这个版本是免费的，它继承了 SQL Server 2005 的多数功能与特性，如安全性设置、自定义函数和过程、Transact-SQL、SQL、CLR 等，还免费提供了和它配套的管理软件 SQL Server Management Studio Express。

SQLExpress 同 SQL Server 2005 相比新增了一项标志性的功能：不需将外置的数据库附加到 SQLExpress 服务器中，就能够直接调用，只需要在连接数据库语句中进行附加就可以了，即增加 AttachDBFilename 选项。因此在学习时用 Microsoft Visual Studio 设计 Windows 应用程序，使用 SQL Express 数据库比 SQL Server 2005 更加方便。由于 SQLExpress 数据库的功能更多、扩展性更强，并且可以同应用程序一起被分发（SQL Express 只有近 50M），对于初学者或者开发小型数据库应用程序时一般使用 SQL Server 2005 Express。

9.1.2　服务器资源管理器

在 Visual Studio 2008 的服务器资源管理器可以连接 SQL Server 2005 及 SQL Server 2005Express，在此窗口可以打开数据库、新建数据库等操作。因此，对数据库的常见操作，完全可以在 Visul Studio 2008 中进行，而不必再打开 SQL Server 2005 的管理器。

在系统菜单中单击【视图】→【服务器资源管理器】打开服务器资源管理器窗口。

服务器资源管理器由服务器、数据连接两部分组成，如图 9-1 所示。

- 服务器：由服务、管理类、管理事件、事件日志、消息队列、性能计数等组成。
- 数据连接：可创建与多个数据库的数据连接，如 dBase、Access、Paradox、Oracle、

SQL Server 等。在每个数据连接中可打开数据库中的数据表、视图、存储过程与函数。在数据连接中还可以新建 SQL Server 数据库。

（1）打开数据库　在【数据连接】单击右键，选择【添加连接】，在“添加连接”对话框中数据源选项选“Microsoft SQL Server 数据库文件”，“数据库文件名”为本书提供的示例数据库 stuinfo.mdf，如图 9-2 所示。本书所有对数据库的操作都是以这个数据库为示例数据库。

图 9-1　服务器资源管理器

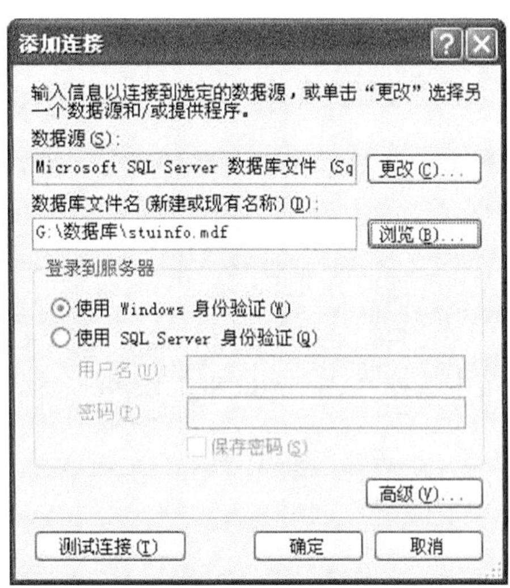

图 9-2　添加连接

添加连接完成之后，服务器资源管理器窗口中会出现添加的连接 stuinfo.mdf，展开后会看到数据库中的表等元素，在“学生”表上单击右键选【显示表数据】，会打开数据表显示表中的数据，如图 9-3 所示。

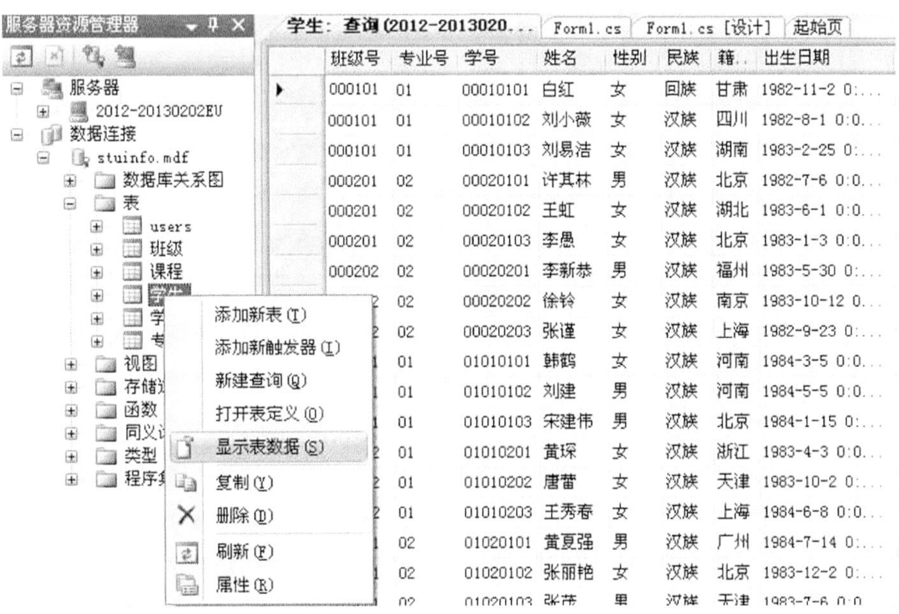

图 9-3　显示表数据

（2）新建 SQL Server 数据库　在“数据连接”上右键，点击“创建新的 SQL Server 数据库”，打开“创建新的 SQL Server 数据库”窗口，如图 9-4 所示。

设置如下。

- 服务器名：可以其中之一:.\sqlexpress、(local)\sqlexpress、localhost\sqlexpress 或者机器名、IP 地址加 sqlexpress。
- 登录到服务器：使用 Windows 身份验证。
- 新数据库名称：填写您要创建的数据库名称。

点击【确定】即可新建一 SQL Server 数据库。

9.1.3 连接 SQL Server 2005

如果计算机中安装的是 SQL Server2005，在 Visual Studio 2008 中连接 SQL Server 2005 的方式与连接 SQL Server Express 稍有区别，下面简单介绍一下。

在【数据连接】单击右键，选择【添加连接】，打开“添加连接”对话框，在“数据源”选项中选择“Microsoft SQL Server（SqlClient)”，见图 9-5 所示。

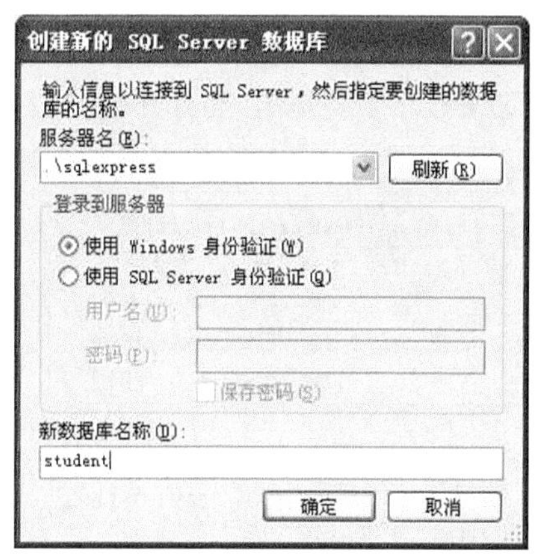

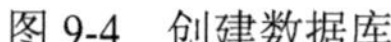
图 9-4　创建数据库

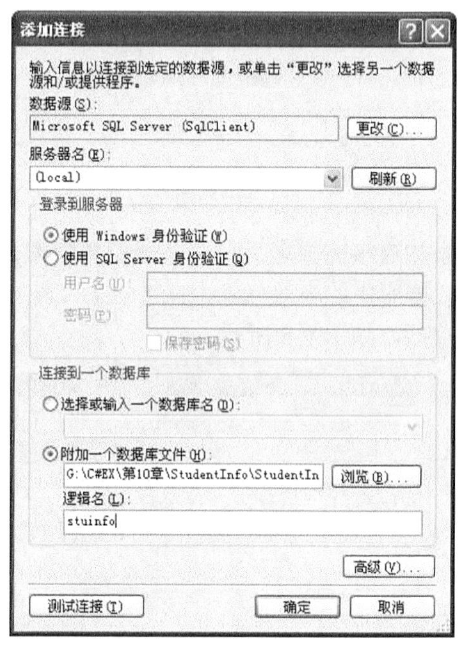

图 9-5　连接到 SQL Server 2005

设置如下。

- 服务器名：(local)、localhost、机器名或者计算机的 IP 地址。
- 登录到服务器：用 Windows 身份验证或者 SQL Server 身份验证，如果选 SQL Server 身份验证，用户名应该填写在 SQL Server 2005 中设置的用户名和登录密码。
- 连接到一个数据库：如果数据库已经附加到 SQL Server 2005，在“选择或输入一个数据库名”中选择一个数据库。如果还没有附加，应该选择“附加一个数据库文件”，并且指定数据库文件名，在“逻辑名”中为该数据库指定一个逻辑名。

9.2　ADO.NET 简介

简单地说，ADO.NET 是.NET 中的一个类库。ADO.NET 提供了访问数据库接口，使得.NET 开发人员使用标准的、结构化的方式访问不同类型的数据，与数据库进行交互，对数据库进行增、删、查、改等操作，并可在程序中进行数据处理。

ADO.NET 包含两个核心组件：.NET Data Provider（数据提供者）和 DataSet（数据结果集）对象。图 9-6 描述了 ADO.NET 组件的体系结构。

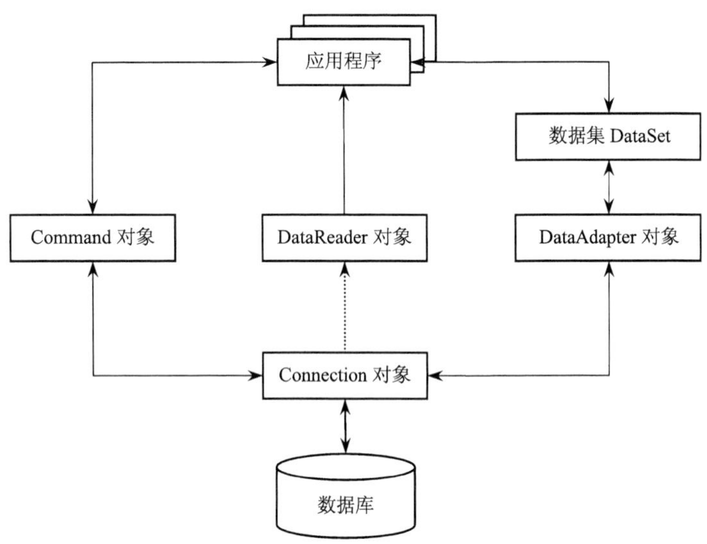

图 9-6　ADO.NET 组件的体系结构

ADO.NET 对象模型中有 5 个主要的数据库访问和操作对象，分别是 Connection 对象、Command 对象、DataReader 对象、DataAdapter 对象和数据集 DataSet。

其中，Connection 对象主要负责连接数据库，Command 对象主要负责生成并执行 SQL 语句，DataReader 对象主要负责读取数据库中的数据。最后 DataAdapter 在 DataSet 对象和数据源之间起到桥梁作用，DataAdapter 使用 Command 对象在数据源中执行 SQL 命令以向 DataSet 中填充数据，并把 DataSet 中数据的更改写回到数据源中。

ADO.NET 中最常用的数据提供者（Data Provider）是 SQL Server.NET Provider 和 OLE DB.NET Provider。SQL Server.NET Framework 数据提供程序使用它自身的协议与 SQL Server 数据库服务器通信，而 OLEDB.NET Framework 则通过 OLE DB 服务组件（提供连接池和事务服务）和数据源的 OLE DB 提供程序与 OLE DB 数据源进行通信。

这两种数据提供者内部均有 Connection、Command、DataReader 和 DataAdapter 四类对象。表 9-1 中列出了两种数据提供者包含的类，可以看出 4 种对象的类名非常相似，只是前缀不同，方便记忆和使用。当使用 SQL Server 数据库时，ADO.NET 中相关的类都是 SQL 打头的，而要使用 Access 等数据库时，类名都是以 OLEDb 打头的。

表 9-1　ADO.NET 对象描述

对　象　名	OLE DB 数据提供者的类名	SQL Server 数据提供者类名
Connection 对象	OleDbConnection	SqlConnection
Command 对象	OleDbCommand	SqlCommand
DataReader 对象	OleDbDataReader	SqlDataReader
DataAdapter 对象	OleDbDataAdapter	SqlDataAdapter

使用 ADO.NET 开发数据库应用程序的一般步骤如下。

① 根据使用的数据源，确定使用的数据提供程序。

② 使用 Connection 对象建立与数据源的连接。

③ 使用 Command 对象执行对数据源的操作命令，通常是 SQL 命令。

④ 使用数据集对获得的数据进行操作，需要使用 DataReader（连接模型）、DataSet（无连接模型）等对象。

⑤ 使用数据控件显示数据。

⑥ 关闭连接。

9.3 连接数据库

访问数据库的第一步就是和要访问的数据库建立连接。在 ADO.NET 中连接并打开数据库是由 Connection 对象来完成的。在实际应用中，数据源是多种多样的，因此 ADO.NET 为不同的数据源编写了不同的数据提供程序，这样使得用 ADO.NET 类库访问不同的数据源具有一致的访问形式。

ADO.NET 如何能够准确而又高效的访问到不同数据源呢？这是靠数据库连接字符串来实现的。

9.3.1 数据库连接字符串

数据库连接字符串是一组被格式化的键值对：它告诉 ADO.NET 数据源在哪里，需要什么样的数据格式，提供什么样的访问信任级别以及其他任何包括连接的相关信息。

数据库连接字符串由一组元素组成，一个元素包含一个键值对，元素之间由“;”分开。语法如下：

```
key1=value1;key2=value2;key3=value3...
```

常见的键有以下几种。

- Provider：用于 OLE DB 连接时指明数据源提供者。
- Data Source：要连接的 SQL Server 服务器名称或 IP 地址。如果连接本机的 SQL Server 数据库服务器，可以采用（local）或（localhost）表示，可以写成 Data Source=（local）。如果使用的是 Express 版本的 SQL Server 需要在服务器名后加\SQLEXPRESS。例如，连接本地的 SQL Server Express 版本的数据库服务器，可以写成 Data Source = (local)\SQLEXPRESS 或者.\SQLEXPRESS。
- Initial Catalog：默认使用的数据库名称。
- Password 或 pwd：登录数据库服务器密码。
- AttachDbFileName：使用 SQL Server Express 数据库服务器时，指定连接打开的时候动态附加到服务器上的数据库文件的位置。
- User ID 或 uid：数据库服务器账号。
- Connect Timeout: 该属性用来获取在尝试建立连接时终止尝试，并生成错误之前所等待的时间。
- Integrated Security：说明登录到数据源时是否使用 SQL Server 的集成安全验证。如果该参数的取值是 True（或 SSPI，或 Yes），表示登录到 SQL Server 时使用 Windows 验证模式，即不需要通过 Uid 和 Pwd 这样的方式登录。如果取值是 False（或 No），表示登录 SQL Server 时使用 Uid 和 Pwd 方式登录。一般来说，使用集成安全验证的登录方式比较安全，因为这种方式不会暴露用户名和密码。

下面介绍 MS SQL Server 和 MS Access 数据库为例介绍数据库连接字符串的写法。

（1）连接到 SQL Sever

① 标准的安全连接

“Data Source=(local);Initial Catalog=myDataBase;User Id= myUsername;password= myPassword;” //这种连接方式需要提供数据库用户账号和密码

② 可信连接

“Data Source=myServerAddress;Initial Catalog=myDataBase;Integrated Security=SSPI;”//采用 Windows 集成认证

（2）连接到 SQL Server Express

“Data Source=.\SQLEXPRESS;AttachDbFilename= myDataBase;Integrated Security=True;”

（3）连接 Access 数据库

“Provider=Microsoft.Jet.OLEDB.4.0;Data Source= myDataBase;User Id= myUsername;password=myPassword;”

9.3.2　使用 Connection 对象创建数据库连接

Connection 负责应用程序与数据库的连接，它的常用的属性如下。

① ConnectionString 属性：该属性用来获取或设置用于打开 SQL Server 数据库的字符串。

② ConnectionTimeout 属性：该属性用来获取在尝试建立连接时终止尝试，并生成错误之前所等待的时间。

③ DataBase 属性：该属性用来获取当前数据库或连接打开后要使用的数据库的名称。

④ DataSource 属性：该属性用来设置要连接的数据源实例名称，例如 SQLServer 的 Local 服务实例。

⑤ State 属性：是一个枚举类型的值，用来表示同当前数据库的连接状态。

⑥ Open 方法：使用 ConnectionString 所指定的属性设置打开数据库连接

⑦ Close 方法：关闭与数据库的连接，这是关闭任何打开连接的首选方法

对于不同的数据库，ADO.NET 的每个数据提供程序都有自己的连接类，使用前应导入不同的命名空间，Connection 类和命名空间见表 9-2 所示。

表 9-2　.NET 提供程序的连接类和命名空间

.NET Framework 数据提供程序	Connection 类	命 名 空 间
SQL 数据提供程序	SqlConnection	System.Data.SqlClient
OLE DB 数据提供程序	OleDbConnection	System.Data.OleDb
ODBC 数据提供程序	OdbcConnection	System.Data.Odbc

【例 9-1】使用 Connection 对象建立数据连接，打开数据连接，然后关闭数据连接，显示数据库连接的状态。

新建一 Windows 项目，在窗体中添加两个命令按钮，其“Text”属性分别设置为“打开连接”和“关闭连接”，窗体设计如图 9-7 所示。

在窗体类中添加 System.Data.SqlClient 命令空间的引用。在两个命令按钮上双击，为按钮添加 Click 事件处理程序，代码如下：

```
SqlConnection conn = new SqlConnection();//声明为公共变量
private void btnOpenConn_Click(object sender, EventArgs e)
```

```
{
    if (conn.State == ConnectionState.Closed)
    {
        conn.ConnectionString = @"Data Source=.\SQLEXPRESS;AttachDbFilename=E:\DB\stuinfo.mdf;Integrated Security=True;User Instance=True";
        conn.Open();
        label1.Text = "数据库连接状态：" + conn.State.ToString();
    }
}
private void btnCloseConn_Click(object sender, EventArgs e)
{
    if (conn.State == ConnectionState.Open)
    {
        conn.Close();
        label1.Text = "数据库连接状态：" + conn.State.ToString();
    }
}
```

运行程序，程序运行效果见图 9-7 所示。单击打开连接按钮，标签控件显示数据库连接状态为“Open”，单击关闭连接，数据库连接状态为“Closed”。

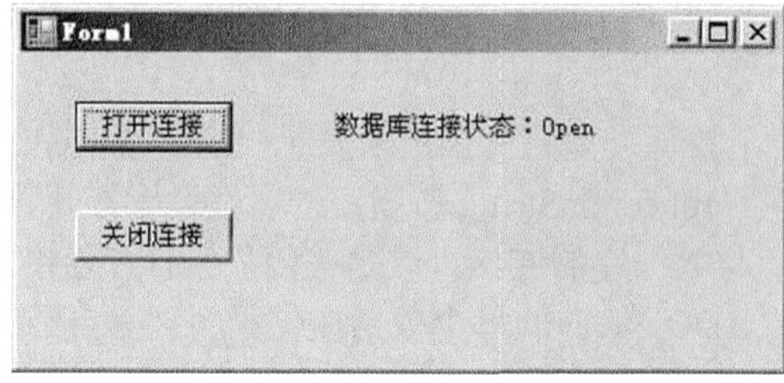

图 9-7 使用 Connection 对象建立连接

说明：

① 本书中例题使用的示例数据库是本书附带的数据库 stuinfo.mdf，假定保存在“E:\DB”文件夹中；

② 如果使用 SQL Server Express，其数据连接字符串为"Data Source=.\SQLEXPRESS;AttachDbFilename=E:\DB\stuinfo.mdf;Integrated Security=True;User Instance=True"。在做练习时，根据情况修改数据保存的路径；

③ 如果使用 SQL Server 2005 版本，需要先在数据库服务器中附加数据库 stuinfo.mdf，数据库连接字符串为：“Data Source=(local);Initial Catalog=stinfo; Integrated Security=SSPI;”

9.3.3 将数据库连接字符串保存在 App.Config 文件中

在实际的数据库应用程序中，为了使代码更加简洁、使用更方便，一般都把数据库连接字符串保存在应用程序配置文件 App.config 中。这样当应用程序编制完成之后，开发人员可以通过配置文件来更改设置，而不必对代码进行修改，甚至不用对应用程序进行重新编译。

（1）配置 App.config 文件　打开【例 9-1】中的 Windows 应用程序项目，在 Visual Studio 2008 的主菜单中选择【项目】→【添加新项】。在出现的“添加新项”对话框中，选择“添加应用程序配置文件”，单击【确定】后，在解决方案管理器窗口就可以看到添加的 App.config 文件。

打开 App.Config 文件,可以看到这个文件是标准的 XML 格式文件。App.config 文件的根节点是 configuration，在其中添加一个配置节<connectionStrings>，在该节添加数据库连接字符串。完整的代码如下：

```
<?xml version="1.0" encoding="utf-8" ?>
<configuration> //根节点
<connectionStrings> //添加的节点
  <add name=" myConnString"
  connectionString=" Data Source=.\SQLEXPRESS;AttachDbFilename=E:\DB\stuinfo.mdf;
Integrated Security=True;Connect Timeout=30;User Instance=True" />
</connectionStrings>
</configuration>
```

（2）读取 App.config 文件中的配置信息　在解决方案资源管理器窗口选择打开的项目，点击右键选择【添加引用】，在打开的“添加引用”对话框中选择【System.configuration】，单击【确定】。

在代码文件中添加：

```
using System.Configuration;
```

“打开连接”按钮的事件处理代码修改为如下：

```
private void btnOpenConn_Click(object sender, EventArgs e)
{
    if (conn.State == ConnectionState.Closed)
    {
        string connstring =
ConfigurationManager.ConnectionStrings["myConnString"].ConnectionString;
        //读取数据库连接字符串
    conn.ConnectionString = connstring;
        conn.Open();
        label1.Text = "数据库连接状态：" + conn.State.ToString();
    }
}
```

编译运行，程序运行结果与图 9-7 相同。

9.4　利用 Command 操作数据库中的数据

建立与数据库的连接后，ADO.NET 通过 Command 对象来执行 SQL 语句或存储过程实现对数据库的访问。对于不同的数据库，ADO.NET 的每个数据提供程序都有派生出自己的

Command 类，使用前应导入不同的命名空间，不同的数据提供程序的 Command 类及命名空间如表 9-3 所示。

表 9-3　.NET 提供程序及其命令类

.NET Framework 数据提供程序	Command 类	命 名 空 间
SQL 数据提供程序	SqlCommand	System.Data.SqlClient
OLE DB 数据提供程序	OleDbCommand	System.Data.OleDb
ODBC 数据提供程序	OdbcCommand	System.Data.Odbc

（1）Command 对象的属性和方法

① CommandText 属性：对数据源执行的 SQL 语句、存储过程名称或者是数据表名。

② CommandType 属性：命令类型，解释 CommandText 属性的类型，其取值为 Text（默认为 SQL 命令文本）、StoreProcedure（存储过程）或 TahleDirect（数据表名）。

③ Connection 属性：使用的 Connection 连接对象。

④ Parameters 属性：设置 Command 执行中使用参数。

⑤ ExecuteNonQuery()方法：执行 SQL 命令中 INSERT、DELELE 和 UPDATE 语句等命令，并返回受影响的行数。一般用于执行无需返回结果的命令。

⑥ ExecuteReader()方法：执行返回行的命令（如 select），将 CommandText 发送到 Connection 并生成一个 DataReader 类型的对象。一般用于执行有返回结果（表）的命令。

⑦ ExecuteScalar()方法：执行查询，并返回查询所返回的结果集中第一行的第一列或空引用，忽略额外的行或列，如果找不到结果集中的第一行第一列，则返回 null，常用于从数据库中检索单个值（例如，仅检索某行的其中一列的值或一个聚合值）。此功能完全可以由 ExecuteReader 代替，但是此命令的优点是代码较少，简洁。

（2）在 Command 对象中使用参数　在对数据库的操作中多数都使用带参数的查询，在使用 Command 对象时经常可通过 Parameter 类进行参数的传递。

在 SQL 语句或存储过程中，参数的表现形式是“@变量名”。例如，要查询某个同学的信息，此时的 SQL 语句应为：

```
select * from 学生 where 姓名=@Name
```

上述语句中@Name 为参数，在执行命令时，需要为参数提供数值，这是由 Parameter 对象来实现的。

Parameter 对象的主要属性如下。

① Direction 属性：表示参数是一个输入参数、输出参数或双向参数，其值为 ParameterDirection 枚举类型的值。

② ParameterName 属性：参数名。

③ Size 属性：参数的最大值，以字节为单位。

④ SqlDbType 属性：参数的数值类型，为 SQL Server 数据库的数据类型，其值是 SqlDbType 枚举类型。

⑤ Value 属性：参数的值。

如下代码演示了在 Command 对象中使用 Parameter 的一个例子。

```
SqlParameter param = new SqlParameter("@Home",SqlDbType.Char,20);
param.Direction = ParameterDirection.Input;
param.Value = "河北";
```

```
SqlCommand comm = new SqlCommand(strSQL, conn);
comm.Parameters.Add(param);
comm.ExecuteNonQuery();
```

【例 9-2】使用 Command 对象查询数据。

在这个例子中演示了 Command 对象的 3 种不同方法的使用，用 ExecuteScalar()方法查询数据表记录的总数，用 ExecuteReader()方法查询部分学生详细信息，用 ExecuteNonQuery()方法修改学生的籍贯信息。

本例在例 9-1 所建项目基础上进行。在窗体上添加三个命令按钮，分别为“查询学生总数”、“查询学生信息”、“修改学生籍贯信息”。标签控件中一个显示数据连接状态信息，另一个标签控件显示当前 Command 对象执行的 SQL 语句。ListBox 列表框控件显示查询到学生的姓名和籍贯信息。文本框控件中可以输入需要修改的籍贯信息。窗体各控件设置见图 9-8 所示。

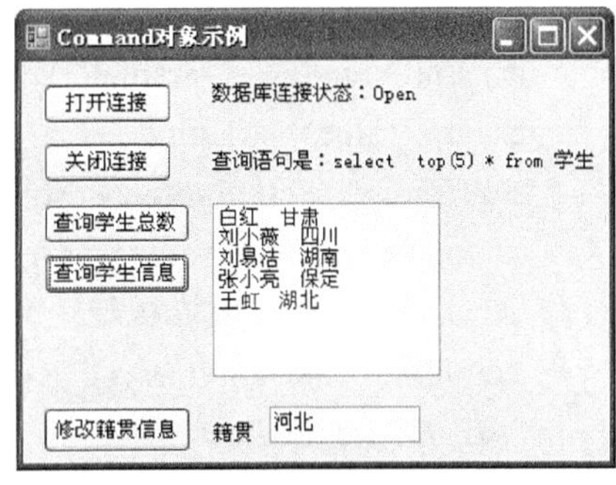

图 9-8　窗体设计图

“打开连接”和“关闭连接”两个命令按钮的事件处理程序前面例子中已经给出。分别双击“查询学生总数”、“查询学生信息”、“修改籍贯信息”三个命令按钮，在其事件处理程序中添加代码。

“查询学生总数”按钮的事件代码：

```
private void count_Click(object sender, EventArgs e)
{
    string strSQL = "select count(*) from  学生";//查询学生表中记录总数
    SqlCommand comm = new SqlCommand(strSQL,conn); //构造函数
    label2.Text = "查询语句是：" + strSQL;//在窗体上显示 SQL 命令
    object count = comm.ExecuteScalar();
    listBox1.Items.Add(count.ToString());
}
```

“查询学生信息”命令按钮的事件处理代码：

```
private void query_Click(object sender, EventArgs e)
{
    listBox1.Items.Clear();
    string strSQL = "select   top(5) * from  学生"; //查询前 5 名同学的信息
    SqlCommand comm = new SqlCommand(strSql,conn);//另一种构造函数
    label2.Text = "查询语句是：" + strSQL;
    SqlDataReader sdrStu = comm.ExecuteReader();//返回 Reader 对象
    while (sdrStu.Read())//遍历 Reader 对象中的记录，使用方法详见下节内容
    {  //显示前 5 名同学的姓名和籍贯信息
        listBox1.Items.Add(sdrStu["姓名"].ToString()+"    " + sdrStu["籍贯"].ToString());
    }
    sdrStu.Close();//遍历后要关闭 Reader 对象
}
```

“修改籍贯信息”命令按钮的事件处理代码：

```
private void btnUpdate_Click(object sender, EventArgs e)
{
string strHome = txtHome.Text;
string strSQL = "update  学生  set  籍贯=@Home where  姓名='白红'";
//注意 SQL 语句中参数为字符串的要用单引号
SqlParameter param = new SqlParameter("@Home",SqlDbType.Char,20);
param.Direction = ParameterDirection.Input;
param.Value = strHome;
SqlCommand comm = new SqlCommand(strSQL, conn);
comm.Parameters.Add(param);
label2.Text = "查询语句是：" + strSQL;
comm.ExecuteNonQuery();
listBox1.Items.Clear();
listBox1.Items.Add("修改成功");
}
```

运行程序，首先打开连接，然后单击“查询学生总数”，这里执行 Command 对象的 ExecuteScalar 方法，在列表框控件中显示查询的结果，标签控件中显示此时 Command 对象执行的 SQL 语句。然后单击“查询学生信息”，列表框中显示 5 名同学的学籍信息。在籍贯处文本框内输入要修改学生的籍贯信息，单击“修改籍贯信息”命令按钮，将执行“update 学生 set 籍贯=@Home where 姓名='白红'”语句，将白红同学的籍贯修改为文本框中的内容。

程序运行结果见图 9-8 所示。

9.5　DataReader 对象

DataReader 对象提供了以顺序的、只读的方式读取 Command 对象获得的数据结果集。由于 DataReader 对象只能将数据从头至尾依次读出，并且是只读的操作，不能写入数据，因此在内存缓冲区里只存储结果集中的一条数据，所以使用 DataReader 对象的效率比较高。如果要查询大量数据，同时不需要随机访问和修改数据，DataReader 是优先的选择。

另外 DataReader 对象以“基于连接”的方式来访问数据库。也就是说，在访问数据库、执行 SQL 操作时，DataReader 要求一直连在数据库上。

DataReader 类没有构造函数，所以不能直接实例化它，需要从 Command 对象的 ExecuteReader 方法中返回一个 DataReader 实例。方法如下：

```
SqlDataReader reader = cmd.ExecuteReader(); //SQL Server 数据源
OleDbDataReader reader = cmd.ExecuteReader();//OleDb 数据源
```

DataReader 对象常用属性和方法如下。

① FieldCount 属性：该属性用来表示由 DataReader 得到的一行数据中的字段数。

② HasRows 属性：该属性用来表示 DataReader 是否包含数据。

③ IsClosed 属性：该属性用来表示 DataReader 对象是否关闭。

④ Close()方法：Close 方法不带参数，无返回值，用来关闭 DataReader 对象。由于 DataReader 在执行 SQL 命令时一直要保持同数据库的连接，所以在 DataReader 对象开启的状态下，该对象所对应的 Connection 连接对象不能执行其他的操作。所以，对 DataReader

对象的操作结束时，一定要使用Close方法关闭DataReader对象，否则不仅会影响到数据库连接的效率，更会阻止其他对象使用Connection连接对象来访问数据库。

⑤ Read()方法：使记录指针指向本结果集中的下一条记录，返回值是true或false。当Command的ExecuteReader方法返回DataReader对象后，须用Read方法来获得第一条记录；当读好一条记录想获得下一下记录时，也可以用Read方法。如果当前记录已经是最后一条，调用Read方法将返回false。也就是说，只要该方法返回true，则可以访问当前记录所包含的字段。

⑥ GetValue(int i)方法：根据列的索引值，返回当前记录行里指定列的值。由于事先无法预知返回列的数据类型，所以该方法使用Object类型来接收返回数据。

⑦ 另外一种常用的获得记录中字段值的方法是reader[i]或reader[“字段名”]的方法，这种方法更加直观。

使用DataReader对象读取数据库的步骤如下。

① 使用Connection对象创建数据库连接。

② 使用Command对象对数据库执行SQL命令并返回结果。

③ 使用DataReader对象读取数据集。

④ 关闭DataReader对象。

⑤ 关闭数据连接对象。

【例9-3】使用DataReader对象读取记录。

新建Windows应用程序项目，在窗体中添加一个标签控件和一个ListBox列表框控件，窗体参照图9-9进行设计。

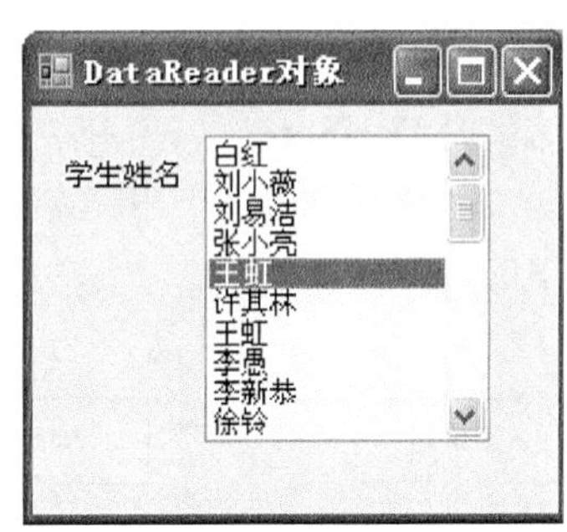

图9-9　使用Reader对象读取记录

在窗体事件中添加代码：

```
private void Form1_Load(object sender, EventArgs e)
{
    SqlConnection conn = new SqlConnection();
    SqlCommand comm = new SqlCommand();
    SqlDataReader reader;
    string connstring =@"Data Source=.\SQLEXPRESS;AttachDbFilename=E:\DB\
stuinfo.mdf;Integrated Security=True;Connect Timeout=30;User Instance=True";
conn.ConnectionString = connstring;
    conn.Open();
    comm.Connection = conn;
    comm.CommandText = "select * from 学生";
    reader = comm.ExecuteReader();
    while (reader.Read())
    {
        lstStu.Items.Add(reader["姓名"]);//将学生姓名字段添加到列表框中
    }
    reader.Close();//关闭reader对象
```

```
    conn.Close(); //关闭连接
}
```

运行程序，窗体中的列表框中会显示学生的姓名，运行结果见图 9-9 所示。

9.6 DataSet 对象和 DataAdapter 对象

9.6.1 DataSet 对象

DataSet 对象是 ADO.NET 中核心的成员之一，用于支持 ADO.NET 中的离线数据访问。DataSet 是一个数据集，是各种数据源中的数据在计算机内存中映射成的缓存，可以形象地描述为内存中的数据库。DataSet 独立于数据源，其中可以包含应用程序本地的数据，也可以包含来自多个数据源的数据。

DataSet 主要有三个特性：

- 独立性。DataSet 独立于各种数据源。微软公司在推出 DataSet 时就考虑到各种数据源的多样性、复杂性。在.Net 中，无论什么类型数据源，它都会提供一致的关系编程模型，而这就是 DataSet；
- 离线（断开）和连接。DataSet 既可以以离线方式，也可以以实时连接来操作数据库中的数据；
- DataSet 对象是一个可以用 XML 形式表示的数据视图，是一种数据关系视图。

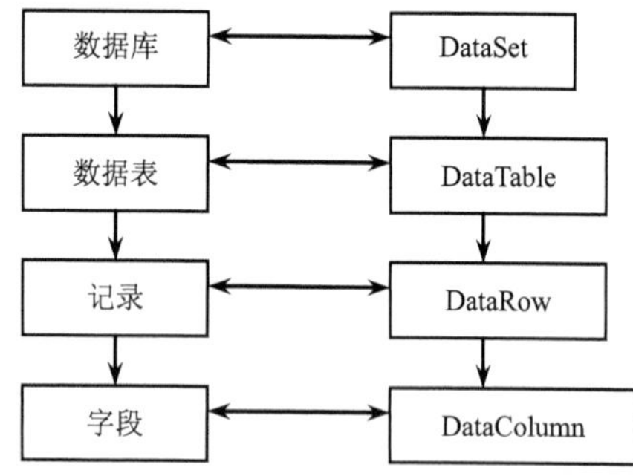

图 9-10 DataSet 与数据库元素对应示意图

DataSet 数据集的结构与真正的数据库非常相似，包括一组数据表及表与表之间的关系。

DataSet 对象的有许多属性，其中最重要的是 Tables 属性和 Relations 属性。Tables 属性值是一个 DataTable 对象集，每个 DataTable 对象代表了数据库的一个表。DataTable 对象同数据库中数据表一样由相应的行和列组成，这就是 DataTable 对象的 Columns 属性和 Rows 属性。DataSet 对象模型中各元素同数据库构成元素的对应元素见图 9-10 所示。

DataSet 对象命令格式：

```
DataSet ds = new DataSet();
```

当创建了 DataSet 对象之后，利用将介绍的 DataAdapter 对象将数据库中的数据填充到 DataSet 对象，就可以断开数据库的连接，对其中的 DataTable 对象、DataColumn 对象和 DataRow 对象进行操作，实现对数据的添加、修改、删除等操作。当完成数据处理之后，再利用 DataAdapter 对象的 UpDate 方法更新数据库。

（1）DataSet 对象的常用属性和方法

① DataSetName 属性：获取或设置当前 DataSet 的名称。

② Relations 属性：获取用于将表连接起来并允许从父表浏览到子表的关系的集合。

③ Tables 属性：获取包含在 DataSet 中的表的集合。如果与此 DataSet 相关的 Command 对象为多个查询，则返回多个表。

④ AcceptChanges()方法：提交自加载此 DataSet 或上次调用 AcceptChanges 以来对 DataSet 进行的所有挂起更改。

⑤ RejectChanges();//回滚自创建 DataSet 以来或上次调用 DataSet.AcceptChanges 以来对 DataSet 进行的所有挂起更改。

⑥ Clear()方法：清除数据集包含的所有表中的数据，但不清除表结构。

⑦ Reset()方法：将 DataSet 重置为原来未初始化的状态。如果想放弃现有的 DataSet 并开始处理新的 DataSet，使用此方法比创建一个新的 DataSet 的新实例要好。

（2）DataTable 对象的常用属性和方法

① Rows 属性：表中记录行的集合。

② Columns 属性：表中列的集合。

③ NewRow()方法：返回 DataTable 的新 DataRow 对象。若添加一行，可使用此方法。

④ Select：基于特定查询规则返回一组 DataRow 对象。

（3）DataColumn 对象的常用属性

① ColumnName 属性：获取或设置 DataColumnCollection 中的列的名称。

② DataType 属性：获取或设置存储在列中的数据的类型。

③ DefaultValue 属性：在创建新行时获取或设置列的默认值。

④ Table 属性：获取列所属的 DataTable。

⑤ Unique：获取或设置一个值，指示列的每一行中的值是否必须是唯一。

（4）DataRow 对象的常用属性

① Item 属性：获取或设置存储在指定列中的数据。在 C# 中，该属性为 DataRow 类的索引器。

② ItemArray 属性：通过数组获取或设置此行的所有值。

③ Table 属性：获取该行拥有其架构的 DataTable。

④ Delete()方法：删除当前 DataRow。

⑤ Count 属性：获取记录集中记录总数。

（5）读取 DataSet 对象中记录字段值的方法

现假定 DataSet 对象实例 ds 已经填充了如图 9-3 数据表“学生”中的数据，下面代码演示了读取“学生”表中学生姓名字段的方法：

```
ds.Tables[0].Rows[0][3].ToString() //以二维数组的形式引用姓名列的数据，前为行号，后为列号
ds.Tables[“学生”].Rows[0][ “姓名”].ToString();//以表名和字段名方式来访问
ds.Tables[0].Rows[0].ItemArray[3].ToString();//以一维数组方式访问字段值
```

如果要遍历数据集中各条记录的，可利用 Rows 对象的 Count 属性。下面演示通过一个循环来读数据集中所有学生的姓名并添加到列表框控件中。

```
int i = 0;
while (i <ds.Tables[0].Rows.Count) //将学生的姓名加到列表框中
   listBox1.Items.Add(ds.Tables[0].Rows[i++][3].ToString());
```

9.6.2 DataAdapter 对象

DataAdapter 称为数据适配器，是将数据集和数据库联系起来的桥梁。当用户需要数据库中的数据时，可以使用 DataAdapter 将数据从服务器的数据库中取出来，填充到 DataSet 中，然后断开与数据库的连接。对数据操作完成之后，DataAdapter 可以将 DataSet 中存储在缓存的更新提交给数据库，实现对数据库的更新。

DataAdapter 是基于 Connection 和 Command 之上的对象，通过 Connection 对象连接到数据源，并使用 Command 对象从数据源检索数据以及将更改解析回数据源。DataAdapter 对象与 DataSet 数据集间关系如图 9-11 所示。

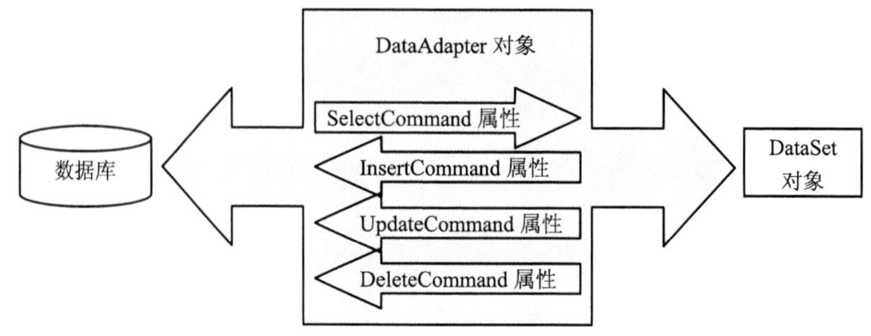

图 9-11　DataAdapter 对象与 DataSet 对象关系图

（1）DataAdapter 对象的常用属性和方法

① DeleteCommand 属性：SQL 语句或存储过程，用于从数据集中删除记录。

② InsertCommand 属性：SQL 语句或存储过程，用于将新记录插入到数据源中。

③ SelectCommand 属性：SQL 语句或存储过程，用于选择数据源中的记录。

④ UpdateCommand 属性：SQL 语句或存储过程，用于更新数据源中的记录。

上述 4 个属性都是 Command 类型。

⑤ Fill()方法：填充数据集。执行存储在 DataAdapter 对象的 SelectCommand 属性中的查询，并将结果存储在 DataSet 中的一个 DataTable 中，同时，该方法还返回一个 32 位的整型值，表示 DataAdapter 所获取的行数。Fill()方法提供了如下几种重载：

```
Fill(DataSet 数据集名,数据表名);//将数据填充到数据集指定的数据表中
Fill(DataSet 数据集名);//将数据填充到数据集中，数据表名为 Table
Fill(DataTable 表名);//将数据直接填充到 DataTable 类型的数据表中
Fill(DataSet 数据集名, int, int, string);//将指定范围内的数据填充到数据集中，第二个参数
为起始行，第三个参数为总行数。
```

⑥ Update()方法：为 DataSet 中每个已插入、已更新或已删除的行调用相应的 INSERT、UPDATE 或 DELETE 语句，并将相应的修改提交给数据库。

（2）创建 DataAdapter 对象　同 Connection 和 Command 对象类似，根据不同数据源 DataAdapter 分为 OldDbDataAdapter、SqlDataAdapter 等。下面以 SQL Server 数据源为例介绍创建 DataAdapter 对象的方法。

格式 1：构造函数不含参数。

```
SqlDataAdapter myadapter=new SqlDataAdapter();//初始化 SqlDataAdapter 类的新实例
myadapter.SelectCommand=strSQL;//strSQL 为 SQL 命令字符串
myadapter.SelectCommand.Connection=myconn;
```

格式 2：构造函数中包含 Command 对象。

```
SqlCommand mycd = New SqlCommand();
mycd.CommandText=”select * from student”;
mycd.Connection=myconn; //定的 SqlCommand 作为 SelectCommand 的属性。
SqlDataAdapter myadapter=new SqlDataAdapter(mycd);
```

格式 3：构造函数中包含 Connection 和 Command 对象。

```
SqlDataAdapter(string selectCommandText,SqlConnection selectConnection);
//用 SelectCommand 初始化 SqlDataAdapter 类的新实例。
```

格式 4：构造函数中包含 SQL 命令文本和数据库连接字符串。

```
SqlDataAdapter(string selectCommandText,string selectConnectionString);
//用 SelectCommand 初始化 SqlDataAdapter 类的新实例。
```

（3）使用 DataAdapter 对象向 DataSet 对象填充数据　使用数据适配器读取数据步骤：

① 创建 Connection 对象并初始化数据连接字符串

② 创建 DataAdapter 对象，同时设置 SQL 查询语句及 Connection 连接

③ 创建 DataSet 对象

④ 调用 Fill 方法向 DataSet 中填充数据

⑤ 访问 DataSet 中的数据

（4）使用 DataAdapter 更新数据实现修改、添加和删除记录　通过 DataAdapter 的 Update 方法可以把 DataSet 中任何改变了的数据写回到数据库，实现对数据库更新操作。

通过数据集更新数据源包含两个步骤。

第一步：使用 DataAdapter 对象向 DataSet 对象填充数据，对数据集进行添加、修改或删除操作。

第二步：更改从数据集发送到初始数据源。也就是说，对数据库进行更新。

当进行更新时，DataAdapter 对象会查看数据集中每个 DataTable 中的 DataRow 是否有过修改。如果已经修改了，就调用 DataAdapter 对象的 UpdateCommand、DeleteCommand 或 InsertCommand 属性指定的命令对数据库进行更新操作。

这就是说，在对 DataSet 数据集中数据进行操作时，不会同时将更改直接写入基础数据源，因为数据集和数据源是断开连接的，所以必须显示执行这两个步骤。

创建更新、删除和插入数据的命令时需要创建多个 Parameter 参数对象，在实际编程时，代码要复杂一些。进行更新操作时，参数对象从数据集中获取参数值，所以在创建参数对象时，需要指定参数名和数据集中的哪些值相关联，这就是设定 Parameter 对象的 SourceColumn 属性为包含了更新的数据的 DataTable 中的列的字段名。

使用 DataAdapter 对象修改数据的步骤：

① 创建 Connection 对象并初始化数据连接字符串；

② 创建 DataAdapter 对象，同时设置 SQL 查询语句及 Connection 连接；

③ 为 DataAdapter 对象定义 UpdateCommand 属性、InsertCommand 属性和 DeleteCommand 属性；

④ 创建 DataSet 对象；

⑤ 调用 Fill 方法向 DataSet 中填充数据；

⑥ 访问 DataSet 中的数据，对数据集中的数据进行修改；

⑦ 调用 DataAdapter 对象的 Update 方法更新数据库中的数据。

【例 9-4】使用 DatSet 和 DataAdapter 对象实现对数据库增、删、查、改。

新建一个 Windows 窗体应用程序项目，在窗体中添加命令控件、标签控件、文本框控件和一个 ListView 控件。其中 ListView 控件的 View 属性设置为 details，其 Columns 集合属性中添加学号、姓名、民族、籍贯四列标题。窗体和其他控件设计见图 9-12 所示。

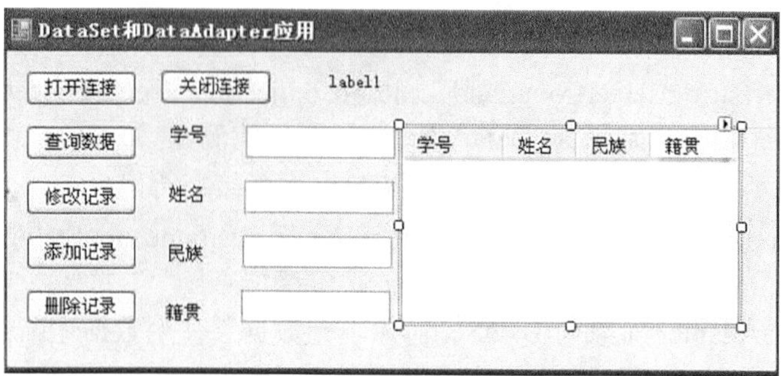

图 9-12 窗体设计图

由于本例中代码较多，各命令按钮的事件中都要用到数据连接对象、SQL 命令文本、DataAdapter 对象和 DataSet 对象，所以在窗体类中添加私有数据成员，这样在按钮的事件处理代码中都可以使用这些数据成员。

```
SqlConnection conn = new SqlConnection();
string strConn = @"Data Source=.\SQLEXPRESS;AttachDbFilename=E:\DB\stuinfo.mdf;
Integrated Security=True;Connect Timeout=30;User Instance=True";
string strSQL;
SqlCommand comm = new SqlCommand();
SqlDataAdapter adapStu = new SqlDataAdapter();
DataSet ds = new DataSet();
```

① 打开数据连接和关闭数据连接命令事件处理代码：

```
private void btnOpen_Click(object sender, EventArgs e)
{
    if (conn.State == ConnectionState.Closed)
    {
        conn.ConnectionString = strConn;
        conn.Open();
        label1.Text = "数据库连接状态：" + conn.State.ToString();
    }
}
private void btnCloseConn_Click(object sender, EventArgs e)
{
    if (conn.State == ConnectionState.Open)
    {
        conn.Close();
        label1.Text = "数据库连接状态：" + conn.State.ToString();
    }
}
```

② 查询学生信息命令按钮的事件处理代码：

```
private void btnQuery_Click(object sender, EventArgs e)
{
    strSQL = "select  * from 学生";
```

```
        comm.CommandText = strSQL;
        comm.Connection = conn;
        adapStu.SelectCommand = comm;
        ds.Clear();
        adapStu.Fill(ds, "学生");
        listView1.Items.Clear();
        int i = 0;
        while (i < ds.Tables[0].Rows.Count)
        {
            ListViewItem lv = new ListViewItem(ds.Tables[0].Rows[i]["学号"].ToString());
            lv.SubItems.Add(ds.Tables[0].Rows[i]["姓名"].ToString());
            lv.SubItems.Add(ds.Tables[0].Rows[i]["民族"].ToString());
            lv.SubItems.Add(ds.Tables[0].Rows[i]["籍贯"].ToString());
            listView1.Items.Add(lv);
            i++;
        }
    }
```

上述代码中将填充到 DatsSet 数据集中的每条学生记录生成一个 ListViewItem 对象添加到 ListView 控件中显示。

③ 修改学生信息的代码　由于数据集中的每个记录都由一个 DataRow 对象来表示，所以对数据集的更改通过更新和删除特定行来完成。修改学生信息时，首先在数据集中查询需修改的特定学生记录所在的 DataRow，找到后进行修改，最后调用 DataAdapter 对象的 Update 方法将更新提交到数据库。修改学生信息的代码如下：

```
    private void btnModify_Click(object sender, EventArgs e)
    {
      SqlCommand selectcmd = new SqlCommand("select * from 学生");
      selectcmd.Connection = conn;
      SqlCommand updatecmd = new SqlCommand("update 学生 set 籍贯=@Home where 学
号=@ID");
      updatecmd.Connection = conn;
      SqlParameter paramHome = new SqlParameter("@Home", SqlDbType.Char, 20, "籍贯");
      SqlParameter paramID = new SqlParameter("@ID", SqlDbType.Char, 20, "学号");
      updatecmd.Parameters.Add(paramHome);
      updatecmd.Parameters.Add(paramID);
      adapStu.SelectCommand = selectcmd;
      adapStu.UpdateCommand = updatecmd;
      adapStu.Fill(ds, "学生");
      string stuID = txtID.Text;
      DataRow stuRow = null;
      foreach (DataRow row in ds.Tables[0].Rows)
          if (row["学号"].ToString() == stuID)
              stuRow = row;
```

```
        stuRow["籍贯"] = txtHome.Text;
        adapStu.Update(ds, "学生");
    }
```

④ 删除记录的代码　实现方法与修改学生信息相似。同样是在数据集查找删除记录所在的 DataRow，调用其 Delete 方法，然后调用 DataAdapter 对象的 Update 方法将更新提交到数据库，代码如下：

```
    private void btnDelete_Click(object sender, EventArgs e)
    {
        SqlCommand deleteCommand = new SqlCommand("delete from 学生 where 学号
=@ID");
        deleteCommand.Connection = conn;
        SqlParameter paramID = new SqlParameter("@ID", SqlDbType.Char, 8, "学号");
        paramID.SourceVersion = DataRowVersion.Current;
        deleteCommand.Parameters.Add(paramID);
        adapStu.DeleteCommand = deleteCommand;
        adapStu.Fill(ds, "学生");
        string  stuID = txtID.Text;
        foreach (DataRow row in ds.Tables[0].Rows)
            if (row["学号"].ToString() == stuID)
            {
                DialogResult dr= MessageBox.Show("确定要删除吗","删除提示",Message-
BoxButtons.OKCancel);
                if (dr == DialogResult.OK)   //如果确定要删除
                {
                    try                      //添加一个异常处理代码段
                    {
                        row.Delete();
                        break;
                    }
                    catch (DataException er)     //如果出现异常，捕捉后输出异常信息
                    {
                        MessageBox.Show(er.Message.ToString());
                    }
                }
                else //用户按取消按钮，退出
                    return;
            }
        try
        {
            adapStu.Update(ds, "学生"); //将更改提交到数据库
        }
        catch (Exception er)
```

```
        {
            MessageBox.Show(er.Message.ToString());
        }
    }
```

⑤ 添加记录的代码　首先在文本框中添写学生信息，然后在“添加记录”命令按钮的事件处理代码中生成一个 DataRow 对象，将学生信息赋值给 DataRow 对象，将 DataRow 添加到 DataSet 中。最后调用 DataAdapter 对象的 Update 方法将更新提交到数据库，代码如下：

```
private void btnInsert_Click(object sender, EventArgs e)
{
SqlCommand insertCommand = new SqlCommand("insert into 学生(学号,姓名,民族,籍贯) values (@ID,@Name,@Nation,@Home)");
insertCommand.Connection = conn;
SqlParameter paramID = new SqlParameter("@ID", SqlDbType.Char, 8, "学号");
SqlParameter paramName = new SqlParameter("@Name", SqlDbType.Char, 6, "姓名");
SqlParameter paramNation = new SqlParameter("@Nation", SqlDbType.Char, 20, "民族");
SqlParameter paramHome = new SqlParameter("@Home", SqlDbType.Char, 20, "籍贯");
insertCommand.Parameters.Add(paramID);
insertCommand.Parameters.Add(paramName);
insertCommand.Parameters.Add(paramNation);
insertCommand.Parameters.Add(paramHome);
adapStu.InsertCommand = insertCommand;
adapStu.Fill(ds, "学生");
DataRow row = ds.Tables[0].NewRow();
row["学号"] = txtID.Text;
row["姓名"] = txtName.Text;
row["民族"] = txtNation.Text;
row["籍贯"] = txtHome.Text;
ds.Tables[0].Rows.Add(row);
adapStu.Update(ds, "学生");
}
```

程序运行效果见图 9-13 所示。

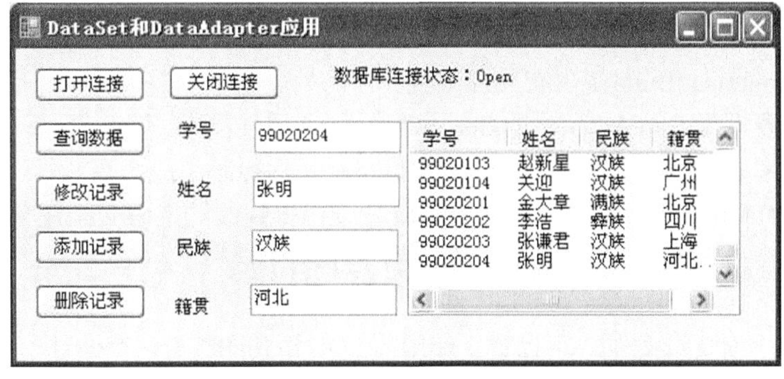

图 9-13　程序运行效果图

9.6.3 使用 CommandBuilder 对象简化 DataAdapter 对象更新操作

通过前面例子可以看到通过 DataAdapter 对象和 DataSet 对象实现数据更新需要自定义 InsertCommand、DeleteCommand 和 UpdateCommand 属性，当参数较多时需要书写的代码较多。

.NET 提供了命令生成器 CommandBuilder 对象来简化这些操作。命令生成器是一个特定的数据提供程序的类，它工作在数据适配器对象之上，并自动设置其 InsertCommand、DeleteCommand 和 UpdateCommand 属性。命令生成器首先运行 SelectCommand，以收集有关操作所涉及表和列的足够信息，然后会创建更新命令。

生成 CommandBuilder 对象语法格式为：

```
SqlCommandBuilder builder=new SqlCommandBuilder(DataAdapter 对象名);
```

其中的参数指明命令生成器对象产生更新命令的数据适配器对象名。

【例 9-5】CommandBuilder 对象的应用

```
string connstring =@"Data Source=.\SQLEXPRESS;AttachDbFilename=E:\DB\stuinfo.mdf;
Integrated Security=True;Connect Timeout=30;User Instance=True";
SqlConnection conn = new SqlConnection(connstring);
SqlCommand comm = new SqlCommand("select * from 学生");
comm.Connection = conn;
SqlDataAdapter adapStu = new SqlDataAdapter();
adapStu.SelectCommand = comm;
SqlCommandBuilder builder = new SqlCommandBuilder(adapStu);
DataSet ds = new DataSet();
adapStu.Fill(ds,"学生");
DataRow row = ds.Tables[0].NewRow();
row["学号"] = txtID.Text;
row["姓名"] = txtName.Text;
row["民族"] = txtNation.Text;
row["籍贯"] = txtHome.Text;
ds.Tables[0].Rows.Add(row);
adapStu.Update(ds, "学生");
```

本例中实现了添加数据记录的操作。与例 9-4 相比，可以看到代码有所减少。与自己创建命令相比，CommandBuilder 也有其局限性：

① 仍然需要设置 DataAdapter 的 SelectCommand 属性；

② 执行效率要低一些，因为 CommandBuilder 是运行时生成命令；

③ DataAdapter 对象的 SelectCommand 属性查询得到的结果中必须包含主键。

9.7 使用存储过程

存储过程是预先定义好的、可以重复使用的 SQL 语句的集合，存储过程保存在数据库中，是数据库中的一个重要组成部分。存储过程可以接受输入参数、输出参数，并且可以返回单个或多个结果集。使用存储过程进行数据库访问具有安全高效的特点，恰当使用存储过程还可以提高代码质量和效率。

9.7.1　创建存储过程

首先创建存储过程，打开【服务器资源管理】，在【数据连接】上找到【存储过程】，在【存储过程】上单击右键，选【添加新存储过程】，参见图9-14所示。

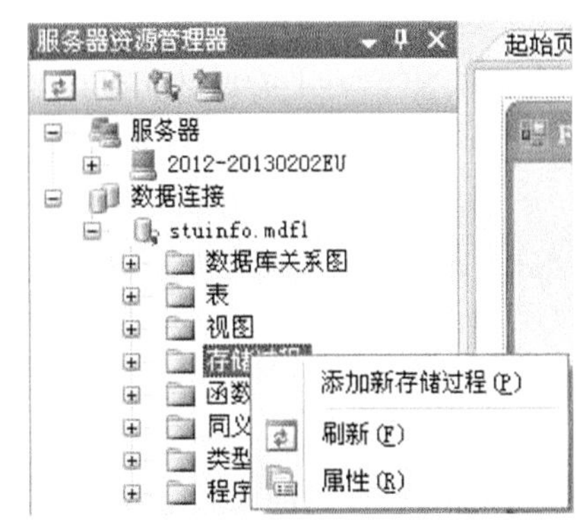

图9-14　新建存储过程

建立一个具有输入参数的存储过程，实现根据学生的姓名在数据库的“学生”、“课程”和“学生成绩”三个表中查询学生的学号、姓名、课程名和成绩，其中输入参数为@Name，代码如下：

```
CREATE PROCEDURE    dbo.sp_StuScore
@Name nvarchar(10)
AS
SELECT  学生.学号, 学生.姓名, 课程.课程名, 学生成绩.成绩
FROM  学生 INNER JOIN
        学生成绩 ON  学生.学号= 学生成绩.学号 INNER JOIN
        课程 ON  学生成绩.课程号= 课程.课程号
WHERE (学生.姓名= @Name)
```

9.7.2　在ADO.NET中使用存储过程

ADO.NET中支持使用存储过程，只需将Command命令对象的CommandType属性设置为CommandType.StoredProcedure，并把CommandText属性设置为存储过程的名字即可。

【例9-6】使用存储过程

新建一个Windows窗体项目，窗体中添加标签控件、文本框控件、命令按钮控件和一个ListView控件。ListView控件用于显示学生的成绩，其属性设置如下。

Columns集合：添加四列，其Text分别命名为学号、姓名、课程名和成绩。

View属性：设置为Details。

窗体及各控件设置可以参考图9-15。

查询命令按钮的事件处理程序代码如下：

```
private void btnQuery_Click(object sender, EventArgs e)
{
      SqlConnection conn = new SqlConnection();
string connstring = @"Data Source=.\SQLEXPRESS;AttachDbFilename=E:\DB\stuinfo.mdf;
Integrated Security=True;Connect Timeout=30;User Instance=True";
      SqlCommand comm = new SqlCommand();
      conn.ConnectionString = connstring;
      comm.Connection = conn;
      conn.Open();
      comm.CommandType = CommandType.StoredProcedure;
      comm.CommandText = "sp_StuScore";        //存储过程名
```

```
        comm.Parameters.Clear();                        //清除命令对象的参数，实现多次查询
        comm.Parameters.Add(new SqlParameter("@Name", txtName.Text));
        SqlDataReader reader = comm.ExecuteReader();  //执行查询
        lvwScore.Items.Clear();                         //清空 ListView 列表框中原有内容
        while (reader.Read())
        {   //生成一个列表项
            ListViewItem lv = new ListViewItem(reader["学号"].ToString());
            lv.SubItems.Add(reader["姓名"].ToString()); //添加列表项的子项
            lv.SubItems.Add(reader["课程名"].ToString());
            lv.SubItems.Add(reader["成绩"].ToString());
            lvwScore.Items.Add(lv);                     //将列表项添加到 ListView 中
        }
        reader.Close();      //关闭 Reader 对象
        conn.Close();        //关闭连接对象
    }
```

运行程序，在文本框输入学生姓名，单击查询，在下面的 ListView 控件中会显示该学生的选修课成绩。程序运行效果见图 9-15 所示。

从上述代码中可以看到，适当的使用存储过程可以使程序中代码更加简练，可读性增强，并且存储过程可以重复使用，提高程序开发的效率。

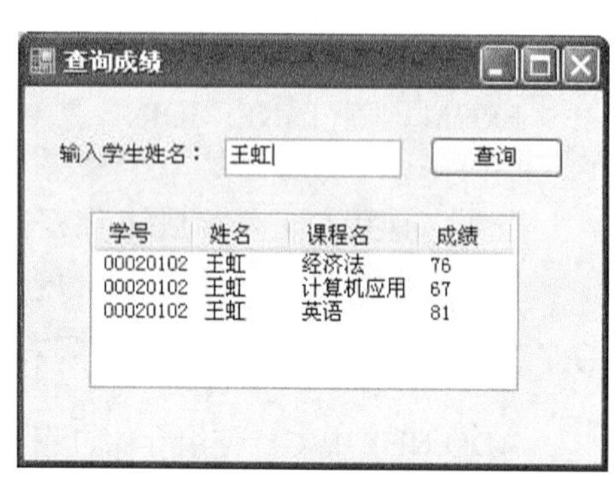

图 9-15 程序运行效果

9.8 数据绑定

数据绑定就是将打开的数据集中某个或者某些字段与 Windows 控件的某些属性相关联，使得控件上能够显示数据库中的数据。当对控件完成数据绑定后，控件上会显示字段的内容，并且将随着数据记录指针的变化而变化。数据绑定的好处是可以大大简化动态读取和显示数据的步骤，此外对绑定的统一管理可以使用户界面元素保护同步更新，使用户界面更友好。

ADO.NET 很好地实现了数据与图形用户界面的结合。它改进了控件与数据库数据的展现方式（绑定方式），从而大大节省了开发时间。

9.8.1 简单型数据和复杂型数据绑定

根据控件的不同，数据绑定可以分为两种，一种是简单型的数据绑定，另外一种就是复杂型的数据绑定。

（1）简单型数据绑定 所谓简单型的数据绑定是指将控件和单个数据元素进行绑定，这时控件显示的只是单个记录。简单型数据绑定一般使用在显示单个值的控件件上，如 TextBox 控件、Label 控件等。

绝大多数 Windows 控件都有 DataBindings 属性，通过该属性即可将控件与数据源进行绑定。假定已经生成数据源 DataSet1，其中的数据为数据表“学生”，需要绑定的控件为 textBox1，

方法如下：

```
textBox1.DataBindings.Add("Text", DataSet1, "学生.姓名");
```

其中第一个参数指明数据绑定到控件的 Text 属性上进行显示，第二个参数是数据集名，第三个参数为绑定的列名。

（2）复杂型数据绑定　复杂型的数据绑定就是绑定后的控件显示出来的字段是多个记录，这种绑定一般使用在显示多个值的控件上，譬如 ComBox 控件、ListBox 控件等。

这些绑定的方法具有 DataSource 属性，通过 DataSource 属性为控件指定一个数据源对象，数据源可以是 DataSet 或数组等对象。设定好数据源后，还需要设定 DisplayMember 属性、和 ValueMember 属性。其中 DisplayMember 属性指定控件显示的字段，ValueMember 属性指定控件实际使用值。

例如，下面代码将一 ListBox 控件绑定到数据集中的“学生”表：

```
listBox1.DataSource = DataSet1.Tables["学生"];
listBox1.DisplayMember = "姓名";      //显示姓名字段
listBox1.ValueMember = "姓名";        //取值也是姓名
```

（3）记录的移动和导航　数据绑定之后，控件上会显示相应的数据记录。记录间的移动导航用绑定管理对象 BindingManagerBase 和窗体的绑定上下文对象 BindingContext 来实现。

BindingManagerBase 对象的常用成员如下。

① Bindings 属性：获取所管理的绑定的集合。

② Count 属性：获取所管理的行数。

③ Position 属性：获取或设置绑定到该数据源的控件所指向的基础列表中的位置。记录导航时使用此属性。

④ AddNew()方法：向基础列表中添加一个新项。

⑤ RemoveAt()方法：从基础列表中删除指定索引处的行。

⑥ PositionChanged()事件：每次绑定器移到新位置时，都会触发该事件。

⑦ BindingContext 对象：每个 Windows 窗体至少有一个 BindingContext 对象，此对象管理该窗体的 BindingManagerBase 对象。

相应代码如下：

```
BindingManagerBase bindings;                    //声明一个绑定管理对象
bindings = this.BindingContext[ds, "学生"]; //取得窗体的绑定上下文
bindings.Position ++;                 //记录向后移动同理 ndings.Position –为向前移动
```

【例 9-7】数据绑定的应用。

新建 Windows 应用程序，在窗体中添加控件，包括标签控件、文本框控件、ComBox 控件和 ListBox 控件以及四个命令按钮控件，窗体设计如图 9-16 所示。

图 9-16　数据绑定

程序中关键代码如下：

```
BindingManagerBase bindings;//声明一个绑定管理对象
private void Form1_Load(object sender, EventArgs e)
{  //在窗体加载时运行
string connstring =@"Data Source=.\SQLEXPRESS;
AttachDbFilename=E:\DB\stuinfo.mdf; Integrated Security=True;
Connect Timeout=30;User Instance=True";
```

```
        SqlConnection conn = new SqlConnection(connstring);
        conn.ConnectionString = connstring;
        SqlCommand comm = new SqlCommand("select * from 学生",conn);
        comm.Connection = conn;
        SqlDataAdapter adapStu = new SqlDataAdapter();
        adapStu.SelectCommand = comm;
        DataSet DataSet1 = new DataSet();
        adapStu.Fill(DataSet1, "学生"); //生成数据集
        lblName.DataBindings.Add("Text", DataSet1, "学生.姓名");
        textBox1.DataBindings.Add("Text", DataSet1, "学生.姓名");//简单控件绑定
        comboBox1.DataSource = DataSet1.Tables["学生"];//列表框和组合框数据绑定
        comboBox1.DisplayMember = "姓名";
        listBox1.DataSource = DataSet1.Tables["学生"];
        listBox1.DisplayMember = "姓名";
        listBox1.ValueMember = "姓名";
        bindings = this.BindingContext[DataSet1, "学生"];//得到窗体的绑定上下文
    }
    private void btnFirst_Click(object sender, EventArgs e)
    {
        bindings.Position = 0;//第一条记录
        listBox1.SelectedIndex = bindings.Position;//同时让列表框定位到相应的记录
        comboBox1.SelectedIndex = bindings.Position;
    }
    private void btnNext_Click(object sender, EventArgs e)
    {
        bindings.Position++; //记录下移
        listBox1.SelectedIndex = bindings.Position;
        comboBox1.SelectedIndex = bindings.Position;
    }
    private void btnPre_Click(object sender, EventArgs e)
    {
        bindings.Position--;记录上移
        listBox1.SelectedIndex = bindings.Position;
        comboBox1.SelectedIndex = bindings.Position;
    }
    private void btnLast_Click(object sender, EventArgs e)
    {
        bindings.Position = bindings.Count - 1; //记录移到最后
        listBox1.SelectedIndex = bindings.Position;
        comboBox1.SelectedIndex = bindings.Position;
```

```
}
```

程序运行效果见图 9-16 所示。标签控件、文本框控件、下拉框和列表框控件都绑定了数据，单击各导航命令按钮，可以使记录移动，窗体中各控件同步显示。

9.8.2　DataGridView 控件

前面内容中，在进行数据显示的时候采用的标签控件、文本框控件或列表控件，对于少量的数据显示这些控件是可以满足要求的。使用这些控件进行数据显示的时候，还必须采用一定的格式才能满足显示的要求，代码复杂、灵活性差。如果需要显示大量数据，尤其是以表格形式显示数据，这些控件显然不能满足需要。

.NET Framework 中提供的 DagaGridView 控件能够提供功能强大、形式多样的数据显示方式，只需要设置该控件的几个属性即可实现以表格形式显示数据，简单易用。

同时 DataGridView 控件具有极高的可配置性和可扩展性，它提供有大量的属性、方法和事件，可以用来对该控件的外观和行为进行自定义。在应用程序中需要显示表格式数据时，应该使用 DataGridView 控件。

（1）DataGridView 控件的结构　DataGridView控件是由单元格（DataGridViewCell）、行（DataGridRow）和列（DataGridViewColumn）组成的。其中单元格是操作 DataGridView 的基本单位，可以通过 DataGridViewRow 类的 Cells 集合属性访问一行包含的单元格，通过 DataGridView 的 SelectedCells 集合属性访问当前选中的单元格，通过 DataGridView 的 CurrentCell 属性访问当前的单元格。获取当前单元格的内容的语法格式：

```
dataGridView1.CurrentCell.Value;
dataGridView1[x,y];//x,y 代表控件中单元格坐标
```

（2）DataGridView 控件的常用属性、方法和事件

① DataSource 属性：DataGridView 控件的数据源。与数据源绑定后，数据源的列的名称自动作为控件的列的标题，并用数据源的数据填充到控件中。

② DataMember 属性：绑定到 DataGridView 控件的表的名称。

③ Columns 属性：控件中所有列的集合。

④ CurrentCell 属性：当前活动的单元格。

⑤ Rows 属性：控件中所有数据行的集合。

⑥ CurrentRow 属性：当前活动单元格所在行。

⑦ Sort()方法：对控件中数据进行排序。

⑧ BeginEdit()方法：使当前单元格处于可编辑状态。

⑨ EndEdit()方法：结束当前单元格的可编辑状态。

（3）DataGridView 控件的使用　DataGridView 控件是数据显示控件，它显示数据的最简单方式就是直接绑定到数据源，只需设置 DataSource 属性就可以了。如果绑定的数据源包含多个 DataTable，还需要将 DataMember 属性设置为指定要绑定的 DataTable 名。DataGridVidw 自动为数据源中的每个字段创建一列，使用字段名称创建列标题，列标题是固定的，用户在列表中向下移动时列标题不会滚动出视图。

使用代码绑定数据源的方式有以下两种。

```
dataGridView1.DataSource = ds.Tables[0]; //绑定 DataSet 中的第一个表作为数据源
dataGridView1.DataSource = ds.Tables[0].DefaultView; //获取可能包括筛选视图或游标位置的表的自定义视图
```

【例 9-8】DataGridView 控件的简单应用。

新建一个 Windows 应用程序项目，在窗体中添加一个 DataGridView 控件。在窗体的 Load 事件中添加如下代码。

```
private void Form1_Load(object sender, EventArgs e)
{
string connstring =@"Data Source=.\SQLEXPRESS;AttachDbFilename=E:\DB\stuinfo.mdf;
Integrated Security=True;Connect Timeout=30;User Instance=True";
    SqlConnection conn = new SqlConnection(connstring);
    DataSet ds = new DataSet();
    string strSQL = "select * from 学生";
    SqlCommand comm = new SqlCommand(strSQL, conn);
    SqlDataAdapter adapter = new SqlDataAdapter();
    adapter.SelectCommand = comm;
    adapter.Fill(ds);
    dataGridView1.DataSource = ds.Tables[0];
}
```

程序运行效果见图 9-17 所示。

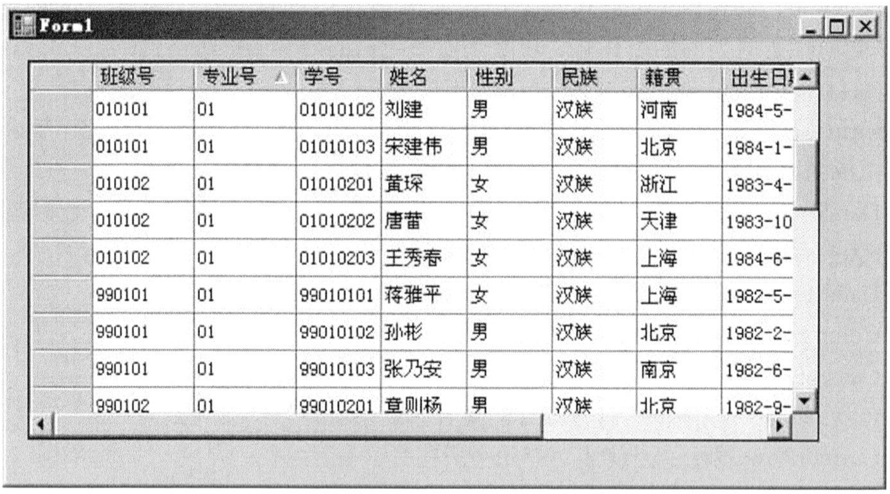

Form1

班级号	专业号	学号	姓名	性别	民族	籍贯	出生日
010101	01	01010102	刘建	男	汉族	河南	1984-5-
010101	01	01010103	宋建伟	男	汉族	北京	1984-1-
010102	01	01010201	黄琛	女	汉族	浙江	1983-4-
010102	01	01010202	唐蕾	女	汉族	天津	1983-10
010102	01	01010203	王秀春	女	汉族	上海	1984-6-
990101	01	99010101	蒋雅平	女	汉族	上海	1982-5-
990101	01	99010102	孙彬	男	汉族	北京	1982-2-
990101	01	99010103	张乃安	男	汉族	南京	1982-6-
990102	01	99010201	章则杨	男	汉族	北京	1982-9-

图 9-17 DataGridView 简单应用

【例 9-9】利用 Combox 选择框和 DataGridView 控件实现对数据库中记录的查询和统计功能。

应用程序实现两个表的联合查询，根据专业名从学生表中查询特定专业的学生在 DataGridView 控件中显示，并且统计出该专业学生人数，其中需要查询的专业名从 Combox 控件中得到。

设计步骤如下。

① 新建一个 Windows 应用程序，在窗体中添加控件，包括 ComBox 控件、DataGridView 控件和两个 Label 标签控件，窗体设计如图 9-18 所示。

Form1

请选择专业　计算机　计算机有：14人

	专业名称	班级号	姓名	学号	性别	民族	籍贯
▶	计算机	000101	白红	00010101	女	回族	甘肃
	计算机	000101	刘小薇	00010102	女	汉族	四川
	计算机	000101	刘易洁	00010103	女	汉族	湖南
	计算机	010101	韩鹤	01010101	女	汉族	河南
	计算机	010101	刘建	01010102	男	汉族	河南
	计算机	010101	宋建伟	01010103	男	汉族	北京
	计算机	010102	黄琛	01010201	女	汉族	浙江
	计算机	010102	唐蕾	01010202	女	汉族	天津
	计算机	010102	王秀春	01010203	女	汉族	上海

图 9-18　窗体运行图

② 在窗体的 Load 事件实现两个查询，从学生表查询所有学生记录在 DataGridView 控件中显示，从专业表查询专业名添加到 Combox 控件中。代码如下：

```
string connstring =@"Data Source=.\SQLEXPRESS;AttachDbFilename=E:\DB\stuinfo.mdf;Integrated Security=True;Connect Timeout=30;User Instance=True";
private void Form1_Load(object sender, EventArgs e)
{
  SqlConnection conn = new SqlConnection(connstring);
  DataSet ds = new DataSet();
  string strSQL = "SELECT 专业.专业名称,学生.班级号,学生.姓名,学生.学号,学生.性别,学生.民族,学生.籍贯 FROM 学生 INNER JOIN 专业 ON 学生.专业号 = 专业.专业代码";
  SqlDataAdapter adapter = new SqlDataAdapter();
  SqlCommand comm = new SqlCommand(strSQL, conn);
  adapter.SelectCommand = comm;
  adapter.Fill(ds);
  dataGridView1.DataSource = ds.Tables[0];
  label1.Text = "共有:"+ dataGridView1.Rows.Count.ToString() +"人"; //统计记录行数
  strSQL = "select * from 专业";
  comm.CommandText = strSQL;
  conn.Open();
  SqlDataReader reader = comm.ExecuteReader();
  while (reader.Read())
  {   //Combox 控件上显示专业名称
      comboBox1.Items.Add(reader["专业名称"]);
  }
  reader.Close();
```

```
        conn.Close();
    }
```

在 ComBox 控件的 SelectedIndexChanged 事件编程，将 Combox 控件中选择的专业名称作为查询的参数在学生表和专业表进行联合查询得到该专业学生记录集，将记录集在 DataGridView 控件进行显示，并且统计出记录数。代码如下：

```
    private void comboBox1_SelectedIndexChanged(object sender, EventArgs e)
    {
        SqlConnection conn = new SqlConnection(connstring);
        DataSet ds = new DataSet();
        string strSQL = "SELECT 专业.专业名称,学生.班级号,学生.姓名,学生.学号,学生.性别,
学生.民族,学生.籍贯 FROM 学生 INNER JOIN 专业 ON 学生.专业号 = 专业.专业代码
WHERE 专业.专业名称 ='" + comboBox1.SelectedItem + "'";
        SqlCommand comm = new SqlCommand(strSQL, conn);
        SqlDataAdapter adapter = new SqlDataAdapter();
        adapter.SelectCommand = comm;
        adapter.Fill(ds);
        dataGridView1.DataSource = ds.Tables[0];
        label1.Text = comboBox1.SelectedItem +"有：" +dataGridView1.Rows.Count.ToString()
+"人"; //通过 DataGridView 控件的属性得到记录数
    }
```

程序设计完成之后编译运行，在 ComBox 下拉列表中选择不同的专业，在 DataGridView 中显示该专业学生记录，标签控件中显示该专业的记录数，见图 9-18 所示。

9.8.3 BindingSource 控件、BindingNavigator 控件

可以把 BindingSource 控件看做是一个中间数据源，因为 BindingSource 控件既支持向后台数据库发送命令来检索数据，又支持直接通过 BindingSource 控件对数据进行访问、排序、筛选和更新操作。BindingSource 控件能够自动管理许多绑定问题。

从 Visual Studio 2005 开始微软推荐使用 BindingSource 作为控件和数据之间的中间层。控件绑定到 BindingSource, BindingSource 再绑定到数据源，其绑定的数据源可以是表、对象及数组等。BindingSource 与数据绑定控件、数据集、数据源之间关系如图 9-19 所示。

使用 BindingSource 的好处是通过 BindingSource 的 EndEdit()方法会把更新提交到内存中的对象或对象列表(如 DataSet)中，再通过数据集的 Update()方法把更新提交到数据库。

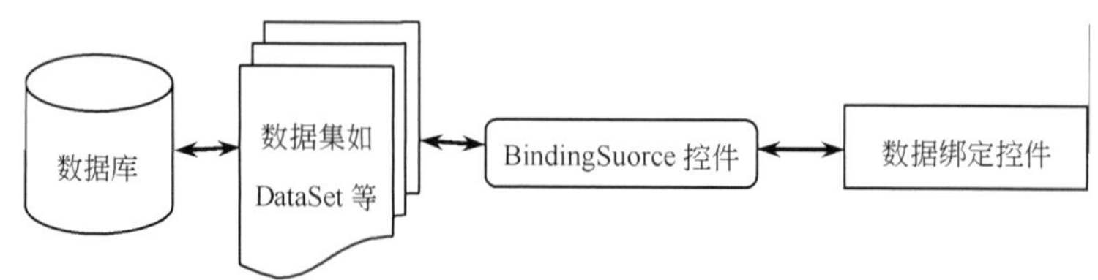

图 9-19　BindingSource 与数据源之间关系

（1）BindingSource 类的常用属性如下。

• Count：获取基础列表中的总项数。

- CurrencyManager：获取与此 BindingSource 关联的当前项管理器。
- Current：获取列表中的当前项。
- DataMember：获取或设置连接器当前绑定到的数据源中的特定列表。
- DataSource：　　获取或设置连接器绑定到的数据源。
- Item：获取或设置指定索引处的列表元素。
- List：获取连接器绑定到的列表。
- Position：获取或设置基础列表中当前项的索引。
- Sort：获取或设置用于排序的列名称，以及用于查看数据源中的行的排序顺序。

（2）BindingSource 常用方法如下。

- Add()：将现有项添加到内部列表中。
- AddNew()：向基础列表添加新项。
- Clear()：　　从列表中移除所有元素。
- Find()：在数据源中查找指定的项。
- Insert()：　　将一项插入列表中指定的索引处。
- MoveFirst()：　　移至列表中的第一项。
- MoveLast()：　　移至列表中的最后一项。
- MoveNext()：　　移至列表中的下一项。
- MovePrevious()：移至列表中的上一项。
- RemoveAt()：　　移除此列表中指定索引处的项。
- RemoveCurrent()：从列表中移除当前项。
- RemoveFilter()：移除与 BindingSource 关联的筛选器。
- RemoveSort()：移除与 BindingSource 关联的排序。

（3）BindingNavigator 控件　BindingNavigator 控件又称数据导航控件，为绑定到数据的控件提供导航和操作用户界面。在添加 BindingNavigator 控件后，窗体中会出现一个导航工具栏。

BindingNavigator 控件一般与 BindingSource 控件、DataGiidView 控件配合使用。在定义了 BindingSource，并将 BindingNavigator 和 DataGridView 的数据源都设置为 BindingSource，可以实现数据浏览、导航、添加、删除及更新，并实现 BindingNavigator 和 DataGridView 的数据同步。

【例 9-10】BindingSource 控件与 BindingNavigator 控件的使用。

新建一 Windows 窗体应用程序项目，在窗体中添加一个 DataGridView 控件、一个 BindingNavigator 控件和一个 BindingSource 控件。在窗体的加载事件中编写代码：

```
private void Form1_Load(object sender, EventArgs e)
{
    string strconn = @"Data Source=.\SQLEXPRESS;AttachDbFilename=E:\DB\stuinfo.mdf;
Integrated Security=True;Connect Timeout=30;User Instance=True";
    SqlConnection conn = new SqlConnection(strconn);
    DataSet ds = new DataSet();
    string strSQL = "select * from 学生";
```

```
        SqlCommand comm = new SqlCommand(strSQL, conn);
        SqlDataAdapter adapter = new SqlDataAdapter();
        adapter.SelectCommand = comm;
        adapter.Fill(ds); //填充数据集
        bindingSource1.DataSource = ds.Tables[0]; //设置 BindingSource 控件数据源
        bindingNavigator1.BindingSource = bindingSource1;//设置 BindingNavigator 数据源
        dataGridView1.DataSource = bindingSource1; //DataGridView 控件的数据源
    }
```

代码编写完成之后运行程序，结果见图 9-20 所示。单击窗体上部的导航栏中的按钮，DataGridView 控件中的记录同步移动。

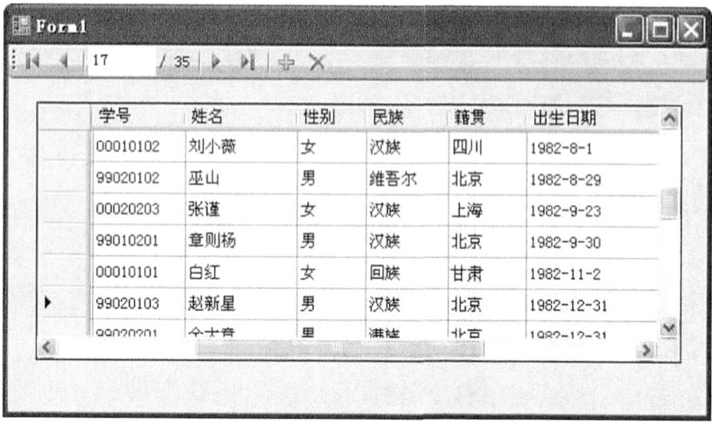

学号	姓名	性别	民族	籍贯	出生日期
00010102	刘小薇	女	汉族	四川	1982-8-1
99020102	巫山	男	维吾尔	北京	1982-8-29
00020203	张谨	女	汉族	上海	1982-9-23
99010201	章则杨	男	汉族	北京	1982-9-30
00010101	白红	女	回族	甘肃	1982-11-2
99020103	赵新星	男	汉族	北京	1982-12-31

图 9-20 程序运行结果

习 题 9

一、选择题

1．ADO.NET 的两个主要组件是（　　）。

A．Connection 和 Command

B．DataSet 和 .NET Framework 数据提供程序

C．DataAdapter 和.NET Framework 数据提供程序

D．DataAdapter 和 DataSet

2．如果想建立应用程序与数据库的连接，应该使用（　　）对象。

A．Connection　　B．Command　　C．DataReader　　D．DataAdapter

3．在名为 MySchool 的数据库中，有名为 Grade 的数据表，表中有三条记录，编译并执行下面代码后将（　　）。

```
static void main(String []args)
{
    string conStr="Data Source=.;Initial Catalog=MySchool;User ID=sa;";
    SqlConnection con = new SqlConnection(conStr);
    string sql = "select count(*) from Grade";
    SqlCommand cmd = new SqlCommand(sql,con);
```

```
        int num = (int)cmd.ExecuteScalar();
        Console.WriteLine(num);
    }
```

A．输出 1　　B．输出 3　　C．编译错误　　D．发生异常

4．以下哪个是 DataReader 对象中用于读取每行记录的操作（　　）。

A．Read　　B．read　　C．Read()　　D．read()

5．以下（　　）不属于 Command 对象的方法。

A．ExecuteNonQuery()　　B．ExecuteScalar()

C．ExecuteReader()　　D．Execute()

6．要使用 SqlConnection 对象，需要引用（　　）命名空间。

A．System.Data.Sql　　B．System.Data.SqlClient

C．System.Data　　D．System.Data.Client

7．某超市管理系统的数据库中有一个商品信息表，如果要读取数据库表中的商品记录，不可能用到 Command 对象的（　　）方法。

A．ExecuteNonQuery()　　B．ExecuteReader()

C．ExecuteScalar()　　D．Read

8．下面的（　　）对象采用只读，顺序的方式快速访问数据库中的数据。

A．DataAdapter　　B．DataSet

C．DataReader　　D．Connection

9．利用 Command 对象的 ExecuteNonQuery()方法执行 Insert，Update 或 Delete 语句时，返回（　　）。

A．True 或 False　　B．1 或 0

C．受影响的行数　　D．–1

10．在 ADO.NET 中，对于 Command 对象的 ExecuteNonQuery()方法和 ExecuteReader()方法，下面叙述错误的是（　　）。

A．执行数据库的增删改操作时，需要调用 ExecuteNonQuery()方法

B．ExecuteNonQuery()方法返回执行 SQL 语句时数据库中受影响的行数

C．SQL 查询语句只能由 ExecuteReader()方法来执行

D．ExecuteReader()方法返回一个 DataReader 对象

11．以下哪个方法用于对数据库中的数据进行添加操作（　　）。

A．EndExecuteNonQuery()　　B．ExecuteReader()

C．ExecuteNonQuery()　　D．ExecuteScalar()

二、填空

1．ADO.NET 提供了两个主要组件，分别是______________和______________。

2．使用 DataReader 查询数据记录，通过 Command 对象的 ExecuteReader()方法返回一个______________对象。

3．使用 DataReader 读取数据时，每次调用______________方法读取一行数据。

4．使用 Command 对象的______________方法对数据进行增、删、改的操作。

5．使用 DataAdapter 的______________方法填充 DataSet，使用______________方法把 DataSet 中修改过的数据返回给数据库。

三、简答题

1. 简述数据库应用程序的设计步骤。

2. DataReader 与 DataSet 有什么区别？

3. 简述 DataSet 对象的结构。

4. 假设数据库 StuDB 中有 StuInfo 表（学生信息表），其中有若干条学生记录，需要使用 C#查询出该表中的学生个数，请给出实现步骤。

实训案例 9　数据库应用——实现登录验证

一、实训目的

利用本章学到的知识实现登录验证，初步理解将代码进行分层的理念。

二、实训内容

本案例在【实训案例 7】基础上进行，窗体设计及部分代码参见前文。

本次实训是要编写一个类实现对数据库的查询，在登录窗体中编写代码，实现将用户输入用户名和密码到数据库中进行验证，如果通过验证，则打开主窗体，如果不正确，弹出对话框给用户相应的提示。

设计步骤如下。

（1）打开解决方案 Train7，将解决方案重命名为 Train9，同时将项目代码中的命名空间修改为 Train9。

在项目中添加一个类，命名为 dbquery.cs，在类中定义了数据库连接字符 strconnection 及两个静态方法 validateuser()方法和 GetScalar()方法，其中 GetScalar()方法功能实现对数据库查询操作，validateuser()方法功能是传递参数、构造 SQL 查询语句及对 GetScalar()方法的调用。Dbquery 类代码如下：

```
using System;
using System.Text;
using System.Data;
using System.Data.SqlClient;
namespace Train9
{
  class dbquery
  {
      static string strconnection = @"Data Source=.\SQLEXPRESS;AttachDbFilename=
E:\db\stuinfo.mdf;Integrated Security=True;User Instance=True";
public static int validateuser(string name, string password)
  {
     string  strsql = string.Format("select count(*) from users where name ='{0}' and pass
='{1}'", name, password);//构造 SQL 语句
     return GetScalar(strsql);//调用
  }
  public static int GetScalar(string sql)
  {
     SqlConnection conn = new SqlConnection();
```

```
        SqlCommand comm = new SqlCommand();
        conn.ConnectionString = strconnection;
        comm.Connection = conn;
        conn.Open();
        comm.CommandText = sql;
        int i = (int) comm.ExecuteScalar();
        conn.Close();
        return i;
    }
  }
}
```

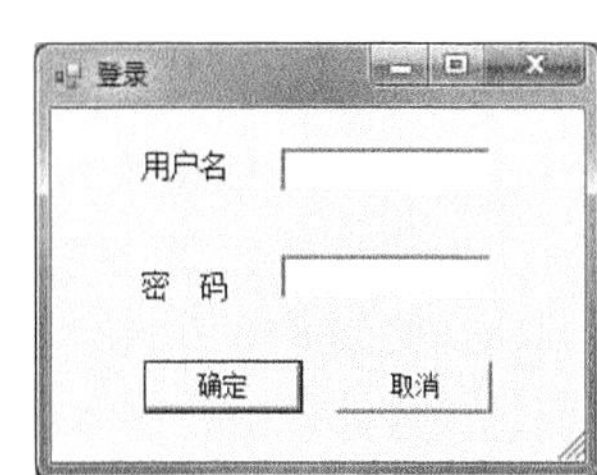

图 9-21　登录窗体

（2）打开登录窗体，如图 9-21 所示。

在【确定】按钮的事件处理程序中编写代码。

```
public static bool LoginOk = false;
private void btnOk_Click(object sender, EventArgs e)
{
    string name = txtName.Text.Trim();//用户输入的用户名
    string password = txtPass.Text.Trim();//用户输入的密码
    if (name.Equals(string.Empty) || password.Equals(string.Empty))
    {//先进行非空验证，如果输入的用户名或密码为空，给出提示
        MessageBox.Show("用户名或密码不能为空");
    }
    else
    {   //调用 dbquery 类的 validateuser 方法，传递用户名和密码
        //注意 validateuser 是静态方法，所以这里直接通过类名来调用
      if (dbquery.validateuser(name,password) > 0)
        {
            LoginOk = true; //通过验证，设置 LoginOk 为 true
            this.Close();
        }
        else //没有通过验证，给出消息框进行提示
        {
            i++;
            MessageBox.Show("用户名或密码错误");
        }
    }
}
```

图 9-22　错误提示框

应用程序中 Program 类的 Main()方法代码不变，参见前文。

运行程序，当前输入正确的用户名和密码，单击“确定”，会打开见图 7-10 所示的主窗体，如果输入的用户名或密码错误，会弹出如图 9-22 所示的提示框。

第 10 章　学生信息管理系统开发

本章讨论的是一个用 C#语言设计的学生信息的管理系统，主要介绍了系统功能、数据库结构、界面设计、实现的主要关键技术以及部分源代码。目的是通过对一个简单应用系统开发让读者了解信息系统的流程，掌握信息系统开发的方法和步骤，激发学习兴趣，开发出具有实用价值的管理信息系统。

本章选取学生信息管理系统是考虑到同学们在高校学习、生活，对学生信息管理都比较熟悉，容易理解，整体设计也比较简单，多数同学都能够在两周左右的时间内完成这个项目。

10.1　需 求 分 析

10.1.1　需要分析

随着计算机及网络技术的飞速发展，当今社会正快速向信息化社会前进，信息系统的作用也越来越大。而且高等教育的日渐普及，接受高等教育的人越来越多，高校的在校生急剧增加，这就给学校的学生信息管理提出了更高的要求。

传统的学校管理方法存在劳动强度高、速度慢、易丢失等问题，已经不适应时代的要求。面对庞大烦琐的数据信息，要进行充分有效的管理，就需要高效的处理方式和管理方法，加快学校信息化管理是非常必要的。使用计算机可以高速、快捷地完成学生信息管理工作。特别是在计算机联网后，数据在网上传递，可以实现数据共享，避免重复劳动，规范教学管理行为，从而提高了管理效率和水平。

高校学生信息管理系统以计算机为工具，通过对日常教学管理工作进行信息化管理，把管理人员从烦琐的数据计算处理中解脱出来，从而全面提高教学质量。

针对当前学校管理的特点和管理人员的实际需要，本章介绍的学生管理系统采用基于 Windows 图形用户界面，使得用户易于使用。要求系统使用稳定，操作性能好，操作方法易于掌握，系统的安全性强。

10.1.2　系统总体设计

在实际的教学管理中，课程编排是需要考虑很多因素，需要十分专业的算法，在本系统中不涉及。为使系统简单，只考虑学生信息管理，包括学籍信息、课程信息、成绩信息。

综上考虑，系统需要实现的功能如下。

① 学生学籍管理：实现学生学籍信息的录入、查询和修改功能。

② 学生课程管理：实现学生课程的查询、添加、删除、修改功能。

③ 学生成绩管理：实现学生成绩的查询、修改功能，实现按课程录入入学生成绩、

④ 班级设置管理：实现班级信息的浏览、查询、增加、删除、编辑功能。具体学校招生情况在每学年开始时设置班级和各班人数。

⑤ 专业设置管理：实现专业信息的浏览、查询、增加、删除、编辑功能。根据学校实现情况，可以增设专业、修改专业设置。

⑥ 系统功能管理：实现系统管理员管理登录，为了保证系统的安全性，系统根据用户

名和密码进行验证，只有验证通过才能使用系统，管理员可以修改登录密码。

系统的功能模块图见图 10-1 所示。

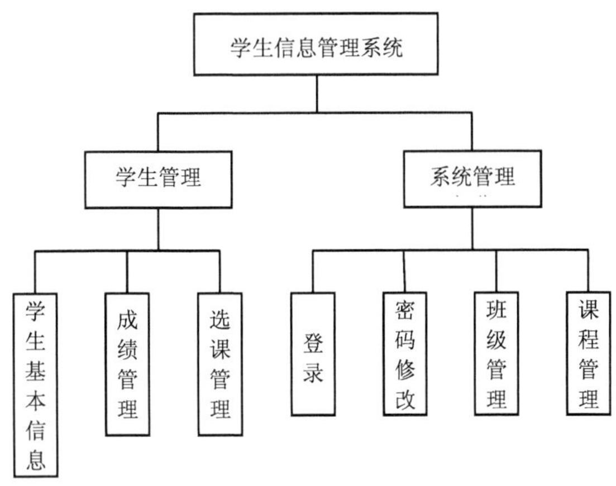

图 10-1　系统功能模块图

10.2　数据库设计

系统使用的数据库名为 stuinfo，其中包含学生、课程、成绩、专业、用户五个表，表结构见图 10-2～图 10-6 所示。

列名	数据类型	允许 Null
班级号	nvarchar(10)	☑
专业号	nvarchar(10)	☑
学号	nvarchar(10)	☐
姓名	nvarchar(8)	☐
性别	nvarchar(2)	☑
民族	nvarchar(20)	☑
籍贯	nvarchar(20)	☑
出生日期	smalldatetime	☑
照片	nchar(10)	☑
学位	bit	☑
入学年份	nvarchar(4)	☑
		☐

图 10-2　学生表

列名	数据类型	允许 Null
课程号	nvarchar(2)	☐
课程名	nvarchar(20)	☑
学分	smallint	☑
		☐

图 10-3 课程表

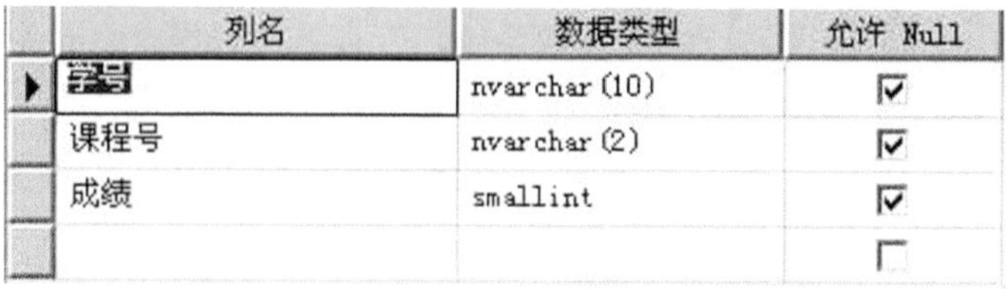

列名	数据类型	允许 Null
学号	nvarchar(10)	☑
课程号	nvarchar(2)	☑
成绩	smallint	☑
		☐

图 10-4　成绩表

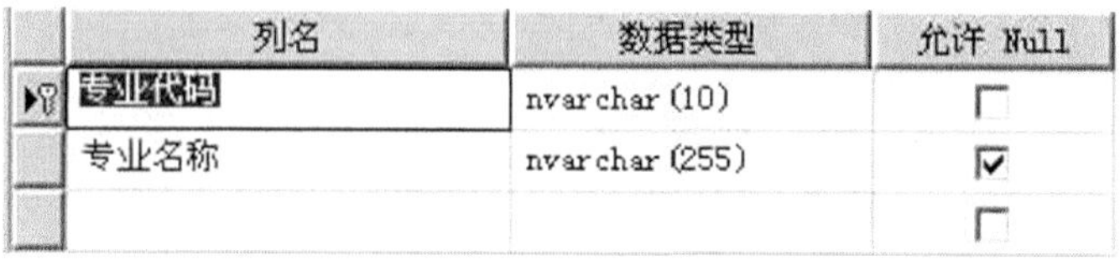

列名	数据类型	允许 Null
专业代码	nvarchar(10)	☐
专业名称	nvarchar(255)	☑
		☐

图 10-5　专业表

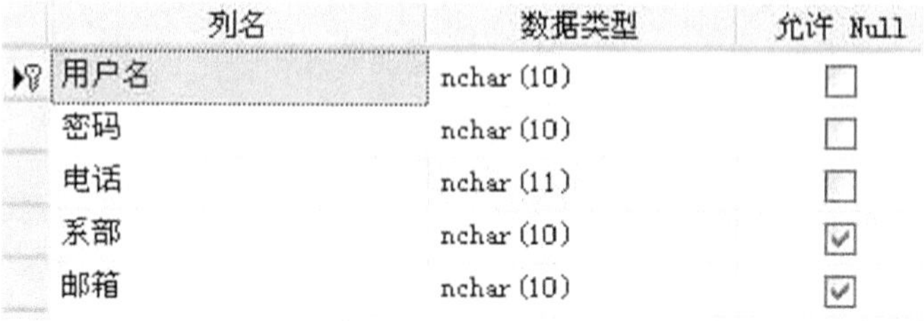

列名	数据类型	允许 Null
用户名	nchar(10)	☐
密码	nchar(10)	☐
电话	nchar(11)	☐
系部	nchar(10)	☑
邮箱	nchar(10)	☑

图 10-6　用户表

10.3　详细设计

10.3.1　软件设计的三层结构

在软件体系架构设计中，分层式结构是最常见，也是最重要的一种结构。三层结构中从下至上分别为：数据访问层、业务逻辑层、表示层。

① 数据访问层：主要实现对数据的增、删、改、查等操作。

② 业务逻辑层：数据访问层和表示层之间的桥梁，用来实现业务逻辑如验证、计算、业务规则等。

③ 表示层：用于显示数据和接收用户输入的数据，为用户提供一种交互式操作的界面。表示层、业务逻辑层、数据访问层之间的关系如图 10-7 所示。

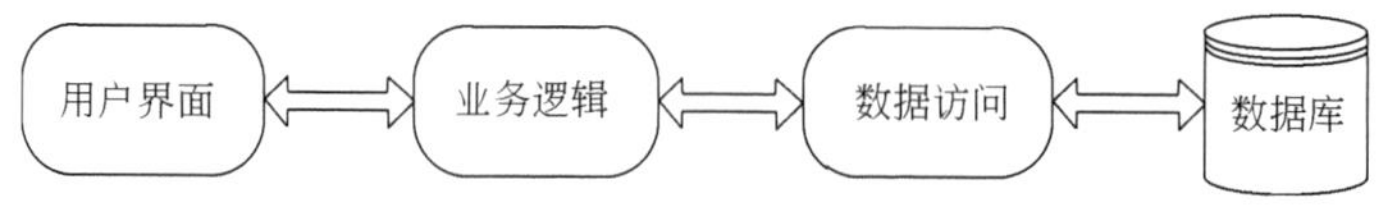

图 10-7　三层结构示意图

采用分层式结构的好处体现在以下几个方面：

① 开发人员可以只关注整个结构中的其中某一层；

② 可以很容易地用新的实现来替换原有层次的实现；

③ 可以降低层与层之间的依赖；

④ 有利于标准化；

⑤ 利于各层逻辑的复用。

10.3.2 建立应用程序

本书中设计的学生信息管理系统采用 MDI 多文档应用程序，主窗体中包含功能菜单，通过菜单打开相应的窗体，各个不同功能的窗体以子窗体的形式在主窗体中打开。

项目建立过程如下。

① 在 Visual Studio2008 中选择【文件】→【新建】→【项目】，选择“Windows 窗体应用程序”，将命名为 stuinfo，单击【确定】。

② 选择【项目】→【新建文件夹】，在项目中添加两个文件夹，分别命名为 BLL 和 DAL。

③ 将项目中自动创建窗体的 IsMdiContainer 属性设为 True，作为系统的主窗体。在窗体中添加主菜单项、工具栏等控件，进行菜单设计。主窗体的设计见图 10-8 所示。

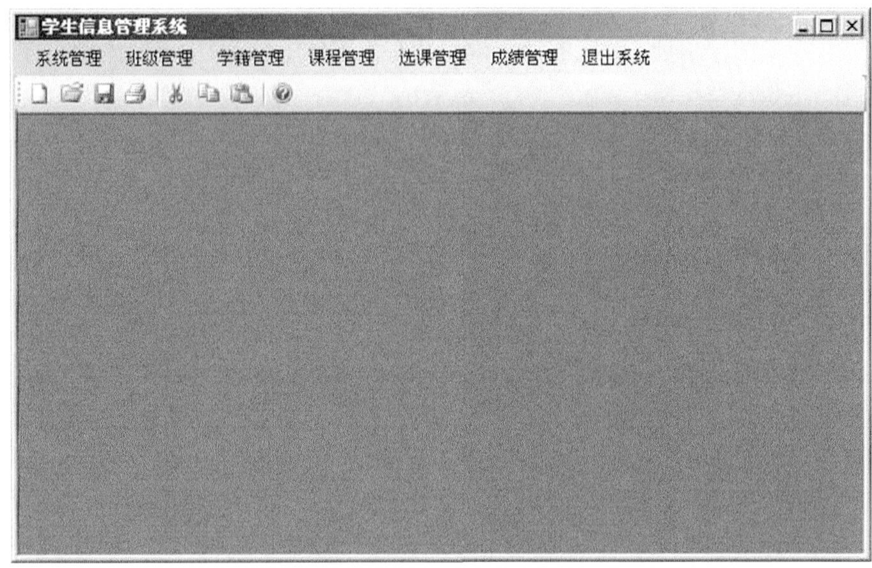

图 10-8 系统主窗体

④ 打开应用程序所在的文件目录，找到 bin\Debug 文件夹，在其中新建一文件夹，命名为“img”。将应用程序中用到的学生的照片拷贝到“img”文件夹中。见图 10-9 所示。

1

2

3

4

图 10-9 程序中用到的图片文件

说明：应用程序运行时默认的工作目录在“\bin\Debug”。在程序中如果要使用上述图片，其文件路径就可以使用“img\图片文件名”这样的相对路径，而不用使用绝对路径，这样便于应用程序的安装部署。

⑤ 依次在项目中添加 Windows 窗体，要实现的功能分别为登录、系统管理、班级管理、课程管理、选课管理、成绩管理，各窗体文件及对应的模块功能见表 10-1 所示。

表 10-1 窗体文件及功能列表

模块名称	文件名	功能描述
登录	frmLogin	用户登录
主窗体	frmMain	除登录窗体之外其他窗体的父窗体，通过菜单进行其他功能窗体
系统管理	frmSys	系统用户管理，修改密码
班级管理	frmClass	班级信息的查询、编辑、增加和删除
学籍管理	frmStudent	学生信息的查询、编辑、增加和删除
课程管理	frmCourse	课程信息的查询、编辑、增加和删除
选课管理	frmSelectCourse	学生选择课程的查询、编辑、增加和删除
成绩管理	frmScoreQuery	学生成绩查询
	frmScoreInsert	成绩录入

单击主菜单中的菜单项，对应的功能模块会在主窗体中以 MDI 子窗体形式打开。下面的代码是打开“学籍管理”模块。

```
private void menuStudent_Click(object sender, EventArgs e)
{
    frmStudent frm = new frmStudent();
    frm.MdiParent = this;
    frm.Show();
}
```

打开“学籍管理”模块后运行见图 10-10 所示。在学籍管理窗体中，“查询条件”区可根据学生的学号或姓名查询学生的学籍信息，“当前记录详细信息”区显示当前记录的详细信息。用户也可以在下面的 DataGridView 控件上浏览全体学生的信息，单击某一条记录，记录详细信息区域会同步显示，另外用户也可以通过导航按钮来浏览学生信息。通过当前记录详细信息区域的文本框，用户也可以对学生信息进行修改、添加、删除等操作。

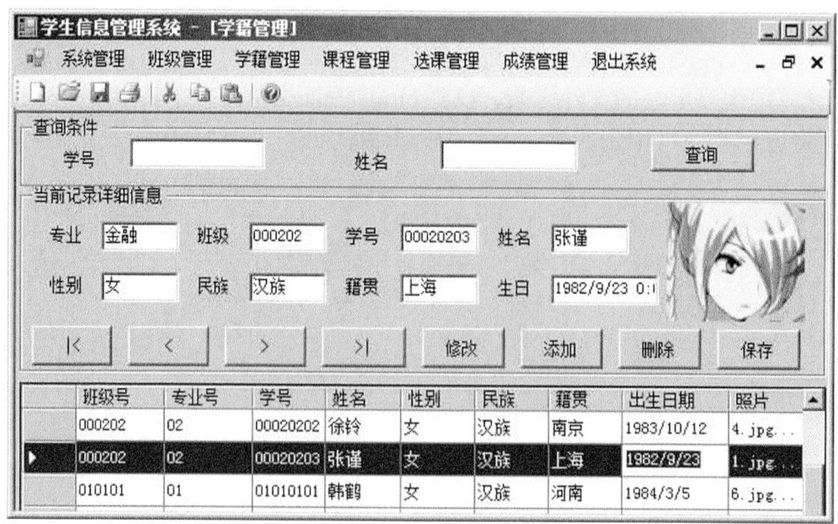

图 10-10 学籍管理子窗体

其他窗体的设计与上类似。“退出系统”菜单无子菜单，在其单击事件中编写代码实现关闭应用程序，代码如下：

```
private void 退出系统ToolStripMenuItem_Click(object sender, EventArgs e)
{
    this.Close();
}
```

10.4 系统实现

本节详细介绍了登录验证及成绩查询功能实现方法，请认真阅读代码，理解三层结构中类之间的调用关系。

10.4.1 数据访问层

在解决方案管理器中选中文件夹DAL，单击右键选择【添加】→【类】，添加3个类文件，分别命名为DBHelper.cs、DAL_user.cs、DAL_score.cs。

（1）DBHelper类　DBHelper类中包含GetTAble()、GetReader()、GetDataSet()、GetScalar()、ExecuteCommand()等方法，主要代码如下：

```
class DBHelper
{
string connectionString = @"....";//数据库连接字符串，与前面章节中相同
//定义执行Command对象的ExecuteScalar方法，返回单个数据
public object GetScalar(string sql,SqlParameter[] parameters)
{
    object result = null;
    using (SqlConnection connection = new SqlConnection(connectionString))
    {
        using (SqlCommand command = new SqlCommand(sql, connection))
        {
            if (parameters != null)
            {
                foreach (SqlParameter parameter in parameters)
                    command.Parameters.Add(parameter);
            }
            connection.Open();
            result = command.ExecuteScalar();
        }
    }
    return result;
}
//定义GetReader方法，返回SqlDataReader
public SqlDataReader GetReader(string sql, SqlParameter[] parameters)
{
```

```
        using (SqlConnection connection = new SqlConnection(connectionString))
        {
            using (SqlCommand command = new SqlCommand(sql, connection))
            {
                if (parameters != null)
                {
                    foreach (SqlParameter parameter in parameters)
                    {
                        command.Parameters.Add(parameter);
                    }
                }
                connection.Open();
                return command.ExecuteReader();
            }
        }
    }
    //定义 GetDataSet 方法，返回 DataSet
    public DataSet GetDataSet(string sql, SqlParameter[] parameters)
    {
        DataSet ds = new DataSet();
        using (SqlConnection connection = new SqlConnection(connectionString))
        {
            using (SqlCommand command = new SqlCommand(sql, connection))
            {
                if (parameters != null)
                {
                    foreach (SqlParameter parameter in parameters)
                    {
                        command.Parameters.Add(parameter);
                    }
                }
                SqlDataAdapter adapter = new SqlDataAdapter(command);
                adapter.Fill(ds);
            }
        }
        return ds;
    }
    //定义 GetTable 方法，返回 DataTable
    public DataTable GetTable(string sql,SqlParameter[] parameters)
    {
        DataTable data = new DataTable();
```

```
        using (SqlConnection connection = new SqlConnection(connectionString))
        {
            using (SqlCommand command = new SqlCommand(sql, connection))
            {
                if (parameters != null)
                {
                    foreach (SqlParameter parameter in parameters)
                    {
                        command.Parameters.Add(parameter);
                    }
                }
                SqlDataAdapter adapter = new SqlDataAdapter(command);
                adapter.Fill(data);
                return data;
            }
        }
    }
    //ExecuteNoeQuery()方法的功能是执行 SQL 命令
    public int ExecuteNonQuery(string sql, SqlParameter[] parameters)
    {
        int count = 0;
        using (SqlConnection connection = new SqlConnection(connectionString))
        {
            using (SqlCommand command = new SqlCommand(sql, connection))
            {
                if (parameters != null)
                {
                    foreach (SqlParameter parameter in parameters)
                    {
                        command.Parameters.Add(parameter);
                    }
                }
                connection.Open();
                count = command.ExecuteNonQuery();
            }
        }
        return count;
    }
}
```

（2）DAL_user 类　DAL_user 类中只有用户登录认证方法 Login()。在 Login()方法中调用 DBHelper 类的 GetScalar()方法，传递的参数为 SQL 查询语句及 SqlParameter 类型的参数

数组，代码如下：

```
class DAL_user
{
    DBHelper dbhelper = new DBHelper();
    public bool Login(string name, string pwd)
    {
        SqlParameter[] parameter = new SqlParameter[2];//SQL 查询参数数组
        parameter[0] = new SqlParameter("@Name", name);
        parameter[1] = new SqlParameter("@Pass", pwd);
        string sql = "select count(*) from users where name=@Name and pass=@Pass";
        object result = db_helper.GetScalar(sql,parameter);
        return int.Parse(result.ToString()) > 0;
    }
}
```

（3）DAL_score 类　DAL_score 类中包含学生成绩的增、删、查、改的方法，在这里只给出了通过学号查询成绩、通过姓名查询两个方法以及查询课程名的方法，注意这些方法里都是调用 DBHelper 类的 GetDataSet()方法，传递的参数是 SQL 查询语句及 SqlParameter 类型的参数数组。其他方法请读者补充。

```
class DAL_score
{
    DBHelper dbhelper = new DBHelper();
    public DataSet getScoreByStu_ID(string ID) 通过学号查询成绩
    {
        DataSet ds = new DataSet();
        SqlParameter[] parameter = new SqlParameter[1];//SQL 查询参数数组
        parameter[0] = new SqlParameter("@ID",ID);
        string sql = @"select 专业.专业名称,学生.学号,学生.姓名,学生成绩.课程号,课程.
课程名,学生成绩.成绩 FROM (((学生成绩 INNER JOIN 学生 ON 学生成绩.学号 = 学生.
学号) INNER JOIN 课程 ON 学生成绩.课程号 = 课程.课程号)INNER JOIN 专业 ON 学生.
专业号 = 专业.专业代码) WHERE 学生.学号=@ID";
        ds = dbhelper.GetDataSet(sql,parameter);
        return ds;
    }
    public DataSet getScorybyStu_Name(string Name)//通过姓名查询成绩
    {
        DataSet ds = new DataSet();
        SqlParameter[] parameter = new SqlParameter[1];//SQL 查询参数数组
        parameter[0] = new SqlParameter("@Name", Name);
        string sql = @"select 专业.专业名称,学生.学号,学生.姓名,学生成绩.课程号,课程.
课程名,学生成绩.成绩 FROM (((学生成绩 INNER JOIN 学生 ON 学生成绩.学号 = 学生.
学号) INNER JOIN 课程 ON 学生成绩.课程号 = 课程.课程号)INNER JOIN 专业 ON 学生.
专业号 = 专业.专业代码) WHERE 学生.姓名=@Name";
        ds = dbhelper.GetDataSet(sql, parameter);
```

```
            return ds;
        }
    //返回课程名，这里调用的是 GetTable 方法
    public    DataTable GetCourse()
    {
        DataTable dt = new DataTable();
        dt = dbhelper.GetTable(@"select * FROM  课程",null);
        return dt;
        }
    }
```

10.4.2 业务逻辑层

在解决方案管理器中选中文件夹 BLL，单击右键选择【添加】→【类】，添加两个类，分别命名为 BLL_user.cs、BLL_score。

（1）BLL_user 类　在类代码中添加对数据访问层的引用：

```
using StudentInfo.DAL;
```

在这个类中调用数据访问层中的类 DAL_user 的 Login()方法。

```
class BLL_user
    {
        public bool Login(string name, string pwd)
        {
            DAL_User daluser = new DAL_User();
            return daluser.Login(name, pwd);
        }
    }
```

（2）BLL_score　在这个类中，getScore()方法功能是根据学生的学号或姓名调用数据访问层的方法得到学生的成绩，getScoreByCourse()方法功能是根据课程名查询选修了该课程的学生的成绩。

```
using StudentInfo.DAL;
class BLL_score
{
    DAL_score dal_score = new DAL_score();
    public DataSet getScore(string ID,string Name)//通过学号或姓名查询学生成绩
    {
        DataSet ds = new DataSet();
        if (ID != "")
            ds = dal_score.getScoreByStu_ID(ID);
        else if (Name != "")
            ds = dal_score.getScorybyStu_Name(Name);
        return ds;
    }
   public DataSet getScoreByCourse(string Course)//通过课程名查询成绩
   {
```

```
        DataSet ds = new DataSet();
        ds = dal_score.getScoreByCourse(Course);
        return ds;
    }
    //返回课程名
    public DataTable getCourse()
    {
        return dal_score.GetCourse();
    }
}
```

10.4.3 表示层

（1）用户登录窗体 系统运行时首先出现的的登录窗体，用户在登录窗体输入系统设定的用户名和密码。通过验证后，登录窗体关闭打开系统主窗体。如果验证出现错误次数超过 3 次，系统关闭。登录窗体运行时效果如图 10-11 所示。

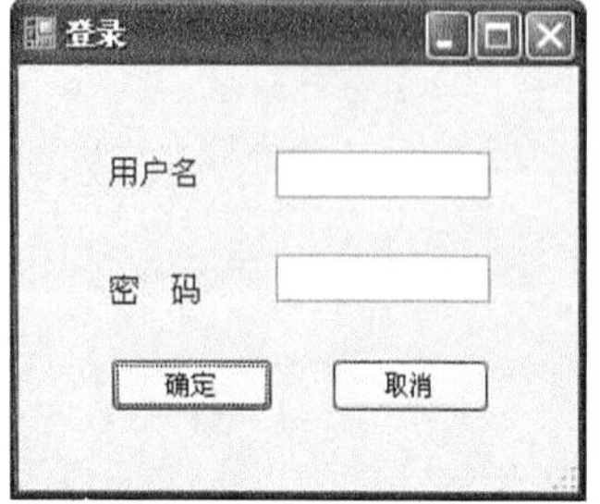

图 10-11 登录窗体

在登录窗体的代码中定义一个布尔类型的变量 LoginOk,该变量定义为公有和静态类型,记录用户登录是否成功,代码如下：

```
public static bool LoginOk = false;
```

打开 Program.cs 文件，修改其中的代码，使登录窗体首先运行，然后对登录窗体验证的结果进行判断，如果通过就打开主窗体。

Program.cs 类部分代码：

```
static class Program
{
    /// <summary>
    /// 应用程序的主入口点。
    /// </summary>
    [STAThread]
    static void Main()
    {
        Application.EnableVisualStyles();
        Application.SetCompatibleTextRenderingDefault(false);
        frmLogin frmLogin = new frmLogin();
        frmLogin.ShowDialog();                          //模态方式打开登录窗体
        if(StudentInfo.frmLogin.LoginOk==true)          //验证通过后从登录窗体返回
            Application.Run(new frmMain());             //运行主窗体
    }
}
```

登录窗体中登录验证的实现方法：调用逻辑层中的 BLL_user 类的 Login 方法，将用户输入的用户名和密码作为参数。如果返回 True，说明正确登录，否则说明用户或密码错误。如果错误次数达到 3 次，系统将退出。详细代码如下：

```
using StudentInfo.BLL;
```

```
static int i = 0;//记录登录次数
BLL_user bll_user = new BLL_user();
private void btnOk_Click(object sender, EventArgs e)
{
    bool login = bll_user.Login(txtName.Text, txtPass.Text);
    if (login)
    {
        LoginOk = true;
        this.Close();
    }
    else if (i >= 2)
    {
        MessageBox.Show("登录错误已到限定次数，系统将关闭！");
        this.Close();
    }
    else
    {
        i++;
        MessageBox.Show("用户名或密码错误！");
    }
}
```

（2）学生成绩查询功能窗体　在这个窗体中，既可以通过学号、姓名查看学生的课程成绩，也可以通过课程名查看选修该课程的学生成绩。

窗体中包含一 GroupBox 控件，标题设为“查询条件”，其中有标签控件、文本框控件、ComboBox 控件和命令按钮控件，窗体下部是一个 DataGridView 控件用来显示查询结果。窗体运行结果见图 10-12 所示。

frmCourse

查询条件　学号　姓名　按学生查询　课程名　英语　按课程查询

课程名	专业名称	学号	姓名	成绩
英语	金融	99020103	赵新星	83
英语	金融	99020104	关迎	77
英语	金融	99020202	李洁	69
英语	金融	99020101	沈坚强	95
英语	金融	99020203	张谦君	57
英语	金融	99020201	金大章	85
英语	金融	99020102	巫山	86
英语	计算机	99010101	荐雅平	90
英语	计算机	99010102	孙彬	77

图 10-12　成绩查询窗体

① 在窗体的 Load 事件中建立一个查询，从“课程”表中得到所有课程信息，调用逻辑

层 BLL_score 类的 getCourse()方法，将得到的结果绑定到 ComboBox 控件中。

```
using StudentInfo.BLL;
BLL_score    bll_score = new BLL_score() ;
private void frmCourseQuery_Load(object sender, EventArgs e)
{
    DataTable dt = bll_score.getCourse();
    cmbCoruse.DataSource = dt;
    cmbCoruse.DisplayMember = "课程名";
}
```

② 按学号和姓名查询，调用逻辑层 BLL_score 类的 getScore()方法,得到的结果在 dataGriedView 控件中显示。

```
private void btnQueryByStu_Click(object sender, EventArgs e)
{
    DataSet ds = new DataSet();
    ds = bll_score.getScore(txtID.Text, txtName.Text);
    dataGridView1.DataSource = ds.Tables[0];
}
```

③ 通过课程名进行查询，调用逻辑层 BLL_score 类的 getScoreByCourse()方法。

```
private void btnQueryByCourse_Click(object sender, EventArgs e)
{
    DataSet ds = new DataSet();
    if (cmbCoruse.Text !="")
    {
        ds = bll_score.getScoreByCourse(cmbCoruse.Text);
        dataGridView1.DataSource = ds.Tables[0];
    }
    else
    {
        MessageBox.Show("请选择查询条件");
    }
}
```

学生信息管理系统的实现就介绍到这里，其他模块读者可参考已经给出的代码自行编写，这里不做详细介绍。

10.5 部署应用程序

当 Windows 应用程序开发好以后，需将它部署到目标环境中，才能被用户使用。应用程序部署就是将应用程序分发到要安装的计算机上的过程。本节介绍在 Visual Studio2008 中创建应用程序安装程序的方法和部署应用程序的步骤。

（1）创建部署项目

① 创建安装部署项目。打开已经设计好的应用程序，在系统菜单中选“文件”、“添加”、“新建项目”，打开“添加新项目”对话框，见图 10-13 所示。

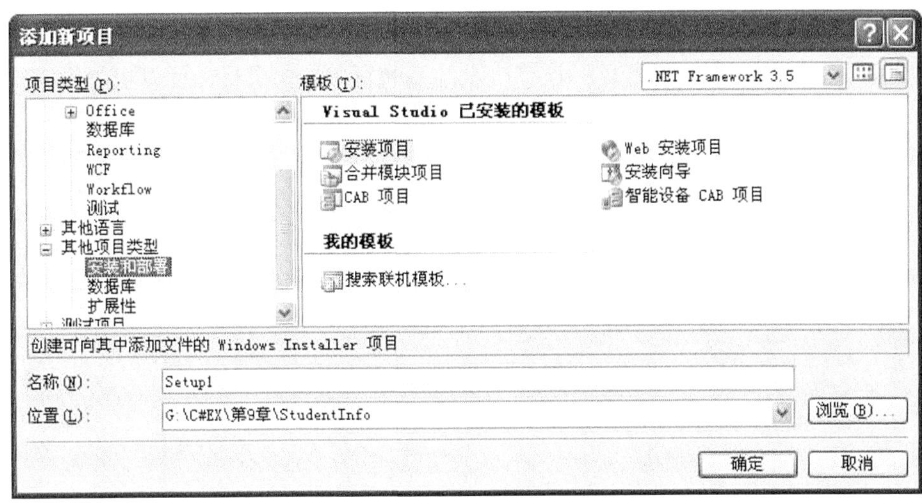

图 10-13　添加安装项目对话框

在对话框的“项目类型”中选择“其它项目类型”、“安装和部署”，在“模板”中选择“安装项目”，设置安装文件的名称和位置后单击【确定】关闭对话框。

② 添加应用程序。添加安装项目之后，会打开“文件系统”窗口，选择“应用程序文件夹”，单击鼠标右键，选择“添加”、“项目输出”，如图 10-14 所示。

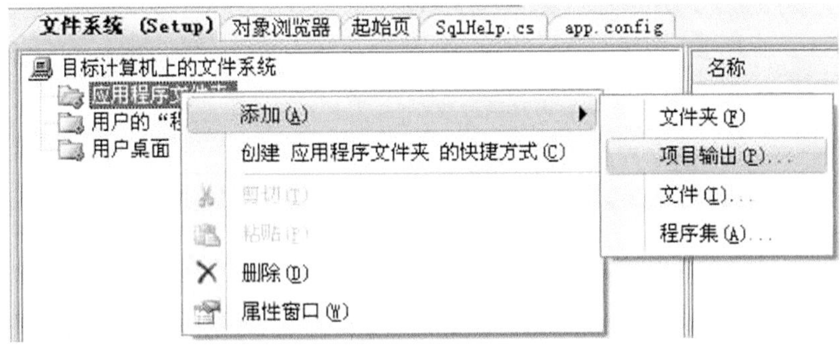

图 10-14　选择项目输出

在弹出的“添加项目输出组”对话框中，从“项目”下拉列表中选需要安装的工程项目，在下面的列表中选择“主输出”，在“配置”选项中选“活动”，见图 10-15 所示。单击【确定】关闭对话框。

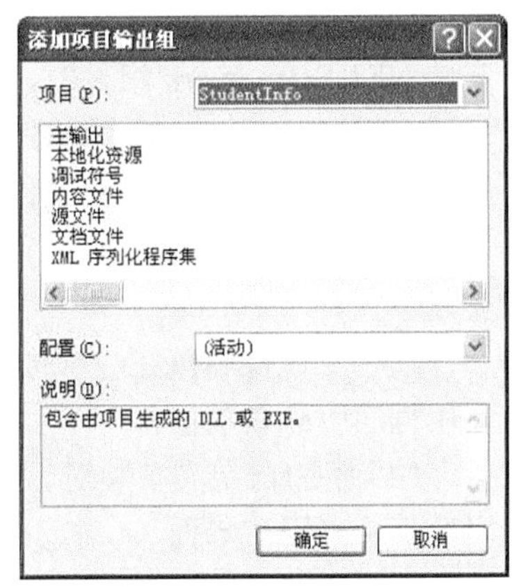

图 10-15　添加项目输出组

（2）添加应用程序中的其他文件　学生信息管理系统中除应用程序之外还有数据库文件和学生的照片等文件，这些文件也应同应用程序一起分发。在“文件系统”窗口，选择“应用程序文件夹”，单击鼠标右键，选择“添加”、“文件夹”，添加两个文件夹，分别命名为“db”和“img”。

然后在两个文件夹上单击右键，选“添加”、“文件”，分别将数据库文件和学生照片文件添加进来。

（3）设置系统必备组件　利用 Visual Studio 2008 创建的

Windows 应用程序运行时需要.NET Framework3.5 的支持，通过对安装项目属性的设置，可以使应用程序在安装时自动判断目标计算机上的系统环境，如果目标计算机上没有安装.NET Framework3.5，应用程序会自动安装该组件。

在安装项目上单击鼠标右键选属性，打开属性对话框。在打开的对话框中选择“系统必备”，见图 10-16 所示，在其中选择需要安装的组件。

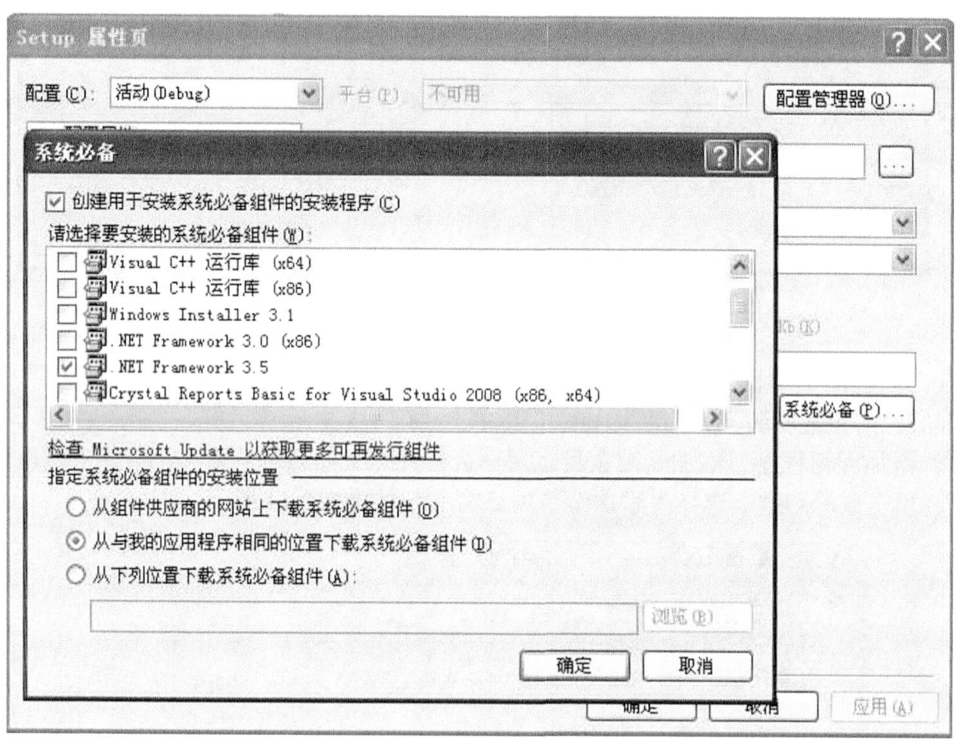

图 10-16　选择系统必备组件

在这里系统自动指定了两个选项：Windows Installer 和.NET Framework。如果需要在目标计算机上安装 SQL Server Express，也可以选中“SQL Server Express Edition SP2”。

然后，在“指定系统必备组件的安装位置”中指定组件的位置。这里有三个选项，第一个选项“从组件供应商的网站上下载系统必备组件”，选中此选项，当安装时检测到系统没有安装.NET Framework 组件时，系统提示到微软官方下载组件，并给出下载地址；第二个选项“从与我的应用程序相同的位置下载系统必备组件”，选中此选项，安装程序生成时会在同目录下生成.NET Framework 组件，当安装程序检测到系统没有安装组件时会提示进行安装，当然此选项生成的安装程序会比较大一些；第三个选项，可以自行决定.NET Framework 组件的安装位置。

通过上述操作就在生成的安装程序中包含这些组件，确保在运行安装程序前会自动安装应用程序所必备的组件。

（4）添加自定义安装对话框　选中建立的安装项目，在系统主菜单中选择“视图”、“编辑器”、“用户界面”，打开用户界面窗口，见图 10-17 所示。

选择“安装”、“启动”，单击鼠标右键，选择“添加对话框”，在其中选择“许可协议”，关闭对话框。选择“许可协议”，单击鼠标右键，选择“上移”两次，将其定位到“欢迎使用”

的下面，见图 10-18 所示。这样在安装过程中会出现“许可协议”对话框。

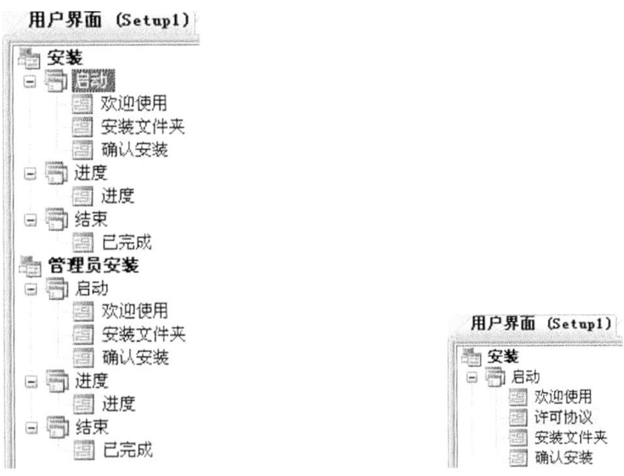

图 10-17　用户界面　　　　图 10-18　添加了“许可协议”对话框

（5）生成安装程序　在菜单中选择“生成”、“生成 Setup”命令编译项目，在建立的安装项目的 Debug 文件夹下会生成安装程序，见图 10-19 所示。

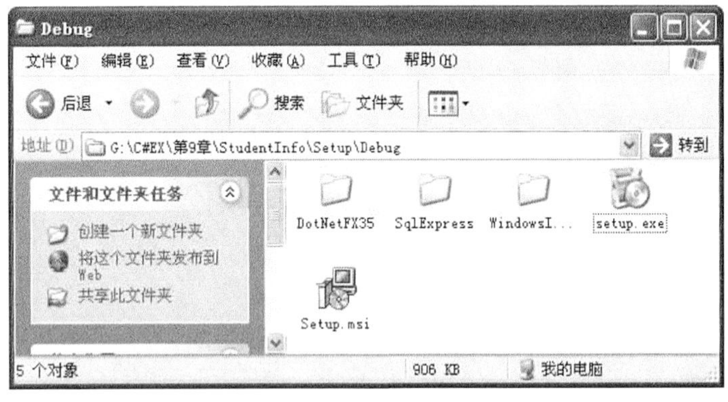

图 10-19　生成的安装程序

（6）部署应用程序　根据上述步骤生成了安装文件，就可以在其他计算机上进行安装了，安装步骤同安装其他软件相似。需要注意的，建立的安装项目是把数据库和应用程序一起进行部署的，如果安装应用程序的计算机用的是 SQL Server 2005，还需要将数据库进行附加，并且在配置文件中修改数据库连接字符串。

在部署应用程序中还创建数据库部署程序，在部署应用程序的属性中添加自定义安装对话框以获取数据库安装信息，通过编写 SQL 语句来创建数据库、数据表、附加数据库等，真正实现自动安装，用户不需修改配置就能正确运行。

参 考 文 献

[1] 刘甫迎，刘光会，王蓉．C#程序设计教程．北京：电子工业出版社，2008.7

[2] 王晶晶．C#面向对象程序设计．北京：机械工业出版社，2010.4

[3] 王东明，葛武滇．Visual C# .NET 程序设计与应用开发．北京：清华大学出版社，2008.5

[4] 郑阿奇．C#程序设计教程．北京：机械工业出版社，2008.5

[5] 金旭亮．.NET 2.0 面向对象编程揭秘．北京：电子工业出版社，2007.6

[6] Microsoft Data Access Application Block for .NET [DB/OL] http://msdn.microsoft.com/library/en-us/dnbda/html/daab-rm.asp